ANNALES DE GÉOLOGIE

ET DE PALÉONTOLOGIE

PUBLIÉES SOUS LA DIRECTION

DU

MARQUIS ANTOINE DE GREGORIO

12. Livraison

(Août)

CHARLES CLAUSEN

TURIN — PALERME

1893

ANNALES DE GÉOLOGIE ET DE PALÉONTOLOGIE
PUBLIÉES À PALERME SOUS LA DIRECTION
DU MARQUIS ANTOINE DE GREGORIO
12.me Livraison — Août 1893.

NOTES COMPLÉMENTAIRES

SUR LA

FAUNE ÉOCÉNIQUE DE L'ALABAMA

PAR

MAURICE COSSMANN

CHARLES CLAUSEN
TURIN — PALERME

1893

Tip. I. Marotta — Palerme.

AVANT PROPOS.

Au commencement de l'année 1892, notre savant confrère et ami, M. Dall, du *Smithsonian Institut* de Washington, fit faire, sur ma demande, une expédition pour la récolte d'une grande quantité de sable fossilifère du gisement de Claiborne, dans l'Alabama, au niveau de l'Eocène moyen ; et il eut la gracieuseté de m'envoyer deux énormes barriques remplies de ce-sable qui n'avait encore subi aucun triage, soit un poids d'environ 400 ᵏ. L'examen attentif de la moitié environ de cette quantité de sable me suggéra l'idée de publier quelques notes complétant ou rectifiant l'importante monographie que notre excellent collègue, M. de Gregorio, a donnée, en 1890, dans ces Annales.

En joignant, en effet, les matériaux que je venais de trier patiemment, à ceux que m'avait déjà obligeamment envoyés M. Otto Meyer, de New-York, j'étais à même de pouvoir combler certaines lacunes, observer certaines formes nouvelles ou mal décrites, qui avaient échappé à notre collègue, enfin de comparer ces fossiles avec ceux du bassin de Paris qui présentent avec eux une réelle analogie, sans réaliser cependant l'identité qu'il avait cru y reconnaître.

J'ai donc entrepris la confection d'une liste analytique de cette faune résumant brièvement, autant que possible pour chaque espèce, les rapports et différences qu'elles présentent entre elles d'abord, puis avec leurs congénères des autres bassins de l'Eocène.

En outre, comme beaucoup de ces formes sont les types de genres peu connus ou mal étudiés, j'ai saisi cette occasion pour fixer, d'une manière plus précise qu'on ne l'avait fait jusqu'à présent, les caractères de ces genres, dont quelques uns sont tout-à-fait spéciaux à la faune de l'Alabama, et n'ont pas été rencontrés dans d'autres bassins. Je n'ai pas eu besoin d'accompagner le texte descriptif d'un grand nombre d'illustrations : les nombreuses planches de la Monographie de M. de Gregorio contiennent, en effet, une multitude de figures, pour la plupart très fidèlement dessinées d'après des types suffisamment grossis, de sorte que, même là où je ne suis pas complétement d'accord avec lui sur l'interprétation des espèces de Lea ou de Conrad, il me suffit de renvoyer aux figures qu'il a données dans cet ouvrage, et c'est principalement pour cette raison que j'ai voulu publier ce petit supplément dans le même recueil d'Annales.

Ce n'est donc que pour quelques espèces nouvelles, peu nombreuses d'ailleurs, ou pour quelques formes de Claiborne, de Jackson ou de Newton (Mississipi), que j'ai cru nécessaire d'accompagner le texte par une figure, lorsque par exemple j'avais à ma disposition des matériaux faute desquels notre collègue avait dû se borner à faire grossir une figure souvent peu exacte empruntée aux illustration des auteurs américains. C'est pourquoi le présent travail n'est accompagné que par deux planches seulement ; pour tout le reste, on se reportera au volume de 1890 des Annales de Géologie et de Paléontologie.

Il me reste, avant de terminer cette introduction, à dire quelques mots au sujet d'une brochure que M. Dall a publiée, en Janvier 1893, et qui est extraite du Bulletin de « *Philosophical Society of Washington*, 12 Nov. 1893, (vol. XII, pp. 215-240) ». Cet intéressant opuscule jette un peu de lumière sur une question très confuse, relativement à la détermination de la priorité à attribuer à Conrad ou à Lea, pour le choix entre les noms différents qu'ils ont l'un et l'autre appliqués aux mêmes fossiles de Claiborne. M. Dall explique la raison pour laquelle les exemplaires des premières publications de Conrad sont aujourdhui à peu près introuvables ; il paraîtrait que Lea ou ses amis auraient acheté toute l'édition pour la détruire, de sorte que, quand la réimpression a été faite, c'était à une date postérieure à celle de la publication de Lea. De tels procédés ne sont évidemment pas admissibles en matière scientifique, d'ailleurs ils ne servent à rien, puis qu'il suffit d'un exemplaire authentique échappé à la destruction, pour faire reconnaitre la fraude. C'est a l'aide de quelques exemplaires qui avaient été conservés par Morton ou d'autres amis de Conrad, que M. Dall est parvenu à restituer exactement les dates de publication des fascicules de Conrad, et à prouver que les quatre premiers sont antérieurs à l'apparition de « *Contribution to geology* » par Isaac Lea.

Je dois reconnaitre toutefois que ce travail de restitution ne modifie pas sensiblement les conclusions auxquelles était arrivé M. de Gregorio dans sa Monographie et je n'ai pas eu souvent à m'écarter de son opinion dans le choix à faire entre le nom de Conrad ou celui de Lea. D'ailleurs, il ne suffit pas d'être sûr qu'une dénomination est antérieure à une autre, il faut en outre être bien certain qu'elles s'appliquent toutes deux au même fossile ; or plusieurs des figures de Conrad sont si inexactes, ses descriptions sont si brèves, d'autre part, les figures de Lea sont si petites, qu'on est souvent fort embarrassé pour se faire une opinion et que l'interprétation de leurs espèces est parfois facultative. Je m'attends donc à que le choix auquel je me suis arrêté soit discuté, pour quelques unes de ces espèces, par nos confrères d'Amérique.

Enfin, pendant l'impression de cette note, M. Gilb. E. Harris vient de publier une réimpression authentique des fascicules de Conrad, de manière que tous les souscripteurs qui ont adhéré à cette publication, seront désormais en possession d'un ouvrage qui était réputé introuvable jusqu'à présent. Toutefois l'apparition de cette nouvelle édition de Conrad ne parait pas devoir apporter de modifications à mes conclusions.

Juillet 1893.

M. COSSMANN.

[Je suis très honoré de publier dans ces annales l'ouvrage de mon illustre et cher confrère et j'en suis joyeux par plusieurs raisons.

Je reconnais le grand intérêt que notre faune présente non seulement pour les paléontologues d'Amérique, mais aussi pour ceux d'Europe qui s'occupent du tertiaire.

Quoique je croyais que ma monographie, eu rapport à mon riche matériel scientifique, était la plus complète possible, il peut bien arriver qu'elle manque de quelques unes des espèces plus petites. En triant le sable du dépôt de Claiborne, on peut certainement retrouver quelques autres petites espèces dont la connaissance peut réussir d'un grand intérêt et peut résoudre des questions auxquelles je n'ai pas pu donner une explication suffisante. Ce travail a été accompli par mon illustre ami et le présent mémoire en est le résultat. L'auteur est un paléontogue de première ligne, qui connait excellemment les espèces du bassin de Paris.

Dans mon ouvrage je n'ai assúré aucune chose sans en avoir toute certitude, mais il est possible que, faute de matériel, je me suis quelquefois mépris. Il n'y a pas au monde d'ouvrages dans lesquels on ne trouve quelque faute à corriger et je n'ai pas la stupide vanité de croire que mes ouvrages font une exception à cette regle générale. D'ailleurs je n'ai pas de puéril ressentiment ou de dépit envers ceux qui manifestent des opinions contraires aux miennes ou bien qui critiquent mes ouvrages ; la vérité avant tout !

Quant à la question de la priorité des espèces de Conrad et da Lea et à l'ouvrage de mon illustre ami M. Dall, auquel M. Cossmann fait allusion dans cet avant propos, je trouve que j'avais préalablement étudié bien cette question dans la préface de ma monographie sur l'Alabama p. 6, 7.

Je tiens enfin à déclarer que je n'ai pas lu l'ouvrage de mon ami et je ne puis absolument juger si (lorsque il critique manière de voir à propos de certaines espèces) la raison soit pour lui ou pour moi. Le lecteur en jugera lui même.]

ANT. DE GREGORIO.

PÉLÉCYPODES

1. — Gastrochœna larva, (Conr.) Cette espèce doit être d'une extrême rareté, Car je n'ai pu en recueillir aucun exemplaire sur une quantité de 200 kilogr. de sable fossilifère, que j'ai soigneusement tamisée ; pour décider si c'est une *Fistulana*, comme *F. elongata* auquel le compare Conrad, il faudrait posséder le tube.

2. — Gastrochœna subbipartita, Meyer. L'auteur n'a pas figuré cette espèce, mais il indique, dans le texte que la surface dorsale de la coquille recueillie à Claiborne se distingue de la précédente par un pli partant du crochet et qui la divise en deux parties.

3. — Byssomya (?) petricoloides, Lea. Je n'ai pas été plus heureux que M. de Gregorio, et n'ai pu me procurer même un fragment de cette espèce, dont le classement paraît douteux ; il faut donc provisoirement la laisser dans le genre *Byssomya*, que Fischer considère comme synonyme de Saxicava, et cependant la charnière dessinée par Lea est bien différente de celle d'une *Saxicava* : on dirait plutôt une *Solenomya*, mais l'espèce nouvelle de ce dernier genre, que je signalerai plus loin, n'a aucune analogie avec la coquille de Lea, de sorte que je ne puis les identifier et qu'il aut encore jusqu'à présent laisser un point de doute sur *B. petricoloides*.

4. — Teredo simplexopsis, de Greg. Comme on ne connaît que le tube jaunâtre de cette espèce, on ne peut guère la comparer aux autres espèces de l'Eocène ; cependant celle du bassin de Paris à laquelle elle ressemble le plus, est *T. vermicularis*, Desh., de l'étage des sables de Beauchamp ; l'échantillon que je possède est moins cylindrique que le type figuré par M. de Gregorio, mais il ne paraît pas douteux que ce soit la même espèce.

5. — Teredo (?) circula, Aldr. Espèce très douteuse, qui n'a pas été figurée et qui n'est peut être même pas éocénique ; l'auteur indique le niveau du groupe de Vicksbourg, et dans sa préface, il reconnaît qu'on n'a pas encore suffisamment examiné les matériaux des collections pour assurer que ce niveau est le même que celui des sables ferrugineux de Claiborne. A mon avis, le terrain de Vicksbourg et plutôt oligocénique.

6. — Barnea alatoides, (Aldr.) Appartient au même genre que *Pholas Levesquei*, du bassin de Paris ; mais elle est moins étroite en avant que l'espèce de Cuise, le bord palléal est moins excavé et est armé de dentelures moins proéminentes ; la variété *Aldrichi*, de Greg. porte des plis lamelleux plus écartés entre les côtes rayonnantes et se rapproche davantage de notre coquille parisienne, cependant elle n'a pas d'épines aussi saillantes sur les côtes. Ce n'est pas une espèce du gisement de Claiborne, dont le sable n'en contient jamais de fragment.

7. — Martesia elongata, Aldr. Beaucop plus triangulaire que *M. conoidea* du bassin de Paris, moins élégamment ornée du côte antérieur que *M. elegans*, du moins autant que je puis en juger par les figures, car je ne possède pas cette espèce qui ne provient pas de Claiborne.

8. — Solen lisbonensis, Aldrich. Je possède trois fragments de bec antérieur d'un *Solen* qui, de même que l'espèce de Lisbon, appartient au groupe *Solena* ; cependant ces fragments, qui ne montrent malheureusement ni la charnière ni l'impression musculaire, indiquent une dépression beaucoup plus large et moins oblique que sur la figure d'Aldrich. Comme cette espèce n'était pas citée à Claiborne, il faut attendre de meilleurs échantillons pour affirmer que c'est la même ; les miens sont trop peu complets pour mériter d'être dessinés.

9. — Ensiculus Conradi, nov. sp. Pl, I, fig. 1.

Testa depressiuscula, antice abbreviata ac subovalis, postice elongata et tlatior ; umbones parvi, haud prominuli ; cardocum dente antico perpendiculari et dente postice sub marginem paralleli, cicatricula musculi anterioris, angusta, praelonga, atque radiatim impressa.

Coquille déprimée, courte, rétrécie et ovale de côté antérieur, plus dilatée et allongée du côté postérieur ; le bord supérieur paraît rectiligne, les crochets très petits et à peine courbés en avant, n'y font aucune saillie. Toute la surface est lisse, avec de faibles stries d'accroissement qui indiquent bien la contour de la coquille complète, sur le seul fragment que je possède. La charnière de la valve droite se compose d'une dent antérieure étroite et saillante, presque perpendiculaire au bord cardinal, tandisque la dent postérieure forme un bourrelet parallèle au bord. L'impression du muscle adducteur est étroite et allongée : elle prend naissance contre la callosité du rebord antérieur et s'étend obliquement vers le côté anal. marqué de petits rayons peu saillants.

Longueur du fragment 7 mill. ; largeur 4 mill.

Cette espèce très intéressante se distingue de *E. cladarus* du bassin de Paris, par son bord cardinal plus rectiligne et par sa dent antérieure plus allongée ; l'impression musculaire prend naissance plus près du bord antérieur, comme dans le genre *Cultellus*, mais elle s'étend obliquement comme celle d'*Ensiculus cladarus*, quoiqu'elle soit moins près de la charnière.

Loc. Claiborne, ma coll. (pl. I, fig. 1).

10. — Solenocurtus Blainvillei, Lea. Pl. I, fig. 2-3.

Je ne puis faire figurer que des fragments de charnière de cette espèce, qui n'est pas excessivement rare (8 fragments pour 100 k de sable), mais qu'on ne trouve jamais entière, parce que le test en était mince et que les parties qui avoisinent les crochets ont seules un peu plus d'épaisseur.

Néanmoins, comme la charnière n'a pas été exactement décrite par l'auteur, je suis en mesure de combler cette lacune : les crochets sont à peine saillants, non inclinés ; le corselet limité par une profonde strie est étroit et allongé, il porte une nymphe épaisse et calleuse, contre laquelle s'étend obliquement une dent antérieure mince et lamelleuse, sur la valve gauche ; la dent postérieure est située sous le crochet et perpendiculaire au bord cardinal, elle est forte épaisse et triangulaire, séparée de l'autre par une large fossette oblique ; sur la valve droite, il y a deux forts tenons, très saillants, qui s'emboîtent solidement dans les fossettes de la valve opposée, l'antérieur un peu plus épais que l'autre ; ces deux dents sont rarement conservées, on n'en voit guère que les cicatrices sur la plupart des valves, de sorte qu'on pourrait croire qu'il s'agit de deux espèces à charnière absolument distincte. Mais j'ai constaté le même accident sur un *Solenocurtus* vivant : quand les valves sont isolées, les dents paraissent presque nulles ; au contraire, sur les individus bivalves, on remarque qu'elles sont fortement emboîtées les unes dans les autres, et c'est quand on sépare les valves qu'elles se cassent.

LOC. Claiborne, ma coll. (pl. I, fig. 2-3).

Tandis que le *S. Blainvillei* appartient au groupe *Azor*, caractérisé par l'absence des stries obliques, l'autre espèce figurée, mais non décrite par Aldrich (1) *S, Vicksburgensis*, est une véritable *Macha* ; toutefois, comme le groupe de Vicksburg est probablement une couche oligocène, M. de Gregorio n'a pas repris cette espèce dans sa Monographie de la faune éocénique, et je m'abstiens également de la cataloguer.

11. — Glycimeris porrectoides, (Aldr.). Je n'ai pas trouvé, dans les sables de Claiborne, de fragments de cette belle espèce, dont la provenance est Bakes's Bluff, de sorte que je ne puis être certain qu'elle appartient bien au genre *Glycimeris*; mais elle a bien la forme extérieure des *Panopées*.

12. — Corbula Murchisoni, Lea. Je n'ai que quelques mots à ajouter à l'excellente description et aux figures très exactes qu'a données M. de Gregorio, au sujet de cette importante espèce : c'est pour la comparer au *C. rugosa* du bassin de Paris, qui n'est pas aussi pareil qu'on le croit. L'espèce américaine a les côtes plus régulièrement serrées sur la valve droite, et elle ne présente jamais le dimorphisme caractéristique de l'espèce de Lamarck, dont l'embryon n'est orné que par une strie fines, auxquelles succèdent subitement les côtes épaisses et écartées de la région ventrale : la valve gauche et encore plus différente, elle est plus fibreuse dans *C. Murchisoni* et sa région anale mieux carénée porte un sillon rayonnant qui manque toujours sur *C. rugosa* : il n'est donc pas possible de confondre les deux espèces.

13. — Corbula gibbosa, Lea. A première vue, on peut croire que cette espèce est une simple variété de la précédente : un plus ample examen permet de les distinguer assez facilement.

Elle est beaucoup moins triangulaire, moins haute, plus allongée et plus rostrée que le *C. Murchisoni* : jamais sa valve inférieure ne porte une carène aussi marquée ; ses côtes concentriques s'effacent ordinairement avant d'attendre l'angle obtus qui limite l'aréa anale.

D'autre part, il n'est pas possible de confondre *C. gibbosa* avec *C. nasuta* qui appartient à un autre groupe ; *C. Murchisoni* et *gibbosa* sont des *Bicorbula* à valves dissymétriques tandisque *C. nasuta* à Claiborne à une *Corbula* (*sensu stricto*), dont les deux valves sont seulement inégales, mais ornées de la même manière; on peut s'en assurer en recueillant des individus bivalves. Le *C. gibbosa* a de l'analogie avec *C. ficus* du bassin anglo-parisien ; mais le rostre est moins pointu dans l'espèce américaine, qui est en outre moins globuleuse que l'espèce de Solander, et enfin dont les côtes sont moins fines dans la région des crochets.

14. — Corbula alabamiensis, Lea. Il ne me paraît pas possible de conserver à cette espèce le nom *nasuta*, Conrad ; d'abord, comme le fait remarquer M. de Gregorio, la description primitive sans figure répond bien plutôt au *C. Murchisoni*, tandis que Lea a donné une figure très exacte de son *C. alabamiensis* ; en outre le nom *nasuta* fait, d'après d'Orbigny, un double emploi avec une espèce de Sowerby ; il est vrai que je n'ai pas retrouvé celle ci, mais il vaut mieux supprimer toute chance de confusion en adoptant définitivement *alabamiensis*. Le type est caractérisé par une forme allongée, pointue et subrostrée en arrière, avec une sinuosité un peu excavée sur le bord palléal. La variété *tecta*, de Greg. est beaucoup moins allongée, plus haute, plus épaisse, dénuée de sinuosité sur le bord palléal, sa surface dorsale est souvent brisée par une déviation brusque du plan des accroissements ; malgré cela, on ne peut bien la distinguer du type que quand les individus sont tout à fait adultes. Au contraire, la variété *ima*, de Greg. se sépare à première vue : elle est moins grande, plus trapézoïdale, assez mince ; son bord palléal est à peine courbé, non sinueux ; sa carène anale est plus sinueuse, enfin les crochets sont un peu plus inclinés du côté antérieur. De sorte que cette espèce a quelque ressemblance avec le groupe du *C. pixidicula*, tandis que le type en est bien différent.

15. — Corbula compressa, Lea. Cette petite espèce est très voisine de la variété *ima* de la précédente ; mais on l'en distingue par sa petite taille, quand elle atteint 5 mill. de longueur, elle est aussi épaisse que les grandes valves de 10 mill. de *C. ima* ; en outre elle est un peu plus trigone, moins haute, ses crochets sont plus inclinés du côté antérieur. Je crois donc que c'est une bonne espèce à conserver : l'interprétation qu'en a faite M. de Gregorio ne me paraît pas exacte : il a figuré le fragment d'une valve bicarénée du côté anal, ce qui n'a aucun rapport avec la figure originale de Lea, laquelle est très exacte. Cette petite espèce est abondante à Claiborne et a été évidemment confondue avec de jeunes individus de *C. alabamiensis*; d'autant plus qu'il en existe une variété tout à fait rostrée moins aplatie et plus globuleuse, pour laquelle je propose le nom *C. Gregorioi*. J'ai fait représenter une valve de cette variété qui est encore plus commune que le type (pl. I, fig. 4-5). Cette variété se distingue de *C. alabamiensis* par sa petite taille : elle est déjà globuleuse et toute formée à l'état adulte quand elle atteint 3 ou 4 mill ; elle a le bord palléal beaucoup plus arrondi que *C. alabamiensis* ; cependant comme elle passe par des intermédiaires jusqu'à la forme *C. compressa*, je ne l'ai pas séparée comme espèce distincte.

16. — Corbula perdubia, de Greg. 1890. Monogr. éoc. Alab. p. 233, pl. XXXVI, fig. 31-32.

---

(1) Prelim. report. Alab. p. 37, p. II, fig. 1.

Voici encore une petite *Corbula*, beaucoup plus commune qu'on ne le croyait et qui a dû être confondu avec certaines variétés de l'espèce précédente ; mais elle est plus triangulaire, plus globuleuse : le crochet plus saillant est placé plus en avant et le côté antérieur est plus étroit que le côté anal, qui est faiblement caréné, jamais rostré ; il n'existe pas, sous la région des crochets, les stries rayonnantes mentionnées par Meyer, pour l'espèce qu'il a décrit de Wood's Bluff sous le nom *Aldrichi* et qui est très voisine de celle des sables de Claiborne, pour laquelle M. de Gregorio a proposé *perdubia* ; il est vrai que notre confrère indique qu'il n'y a pas de carène dorsale, mais c'est un angle plus ou moins obtus qui existe sur tous les individus que j'ai recueillis.

17. — **Corbula Aldrichi**, Meyer. Après une comparaison attentive des échantillons des Wood's Bluff que l'auteur m'a envoyés, je considère cette espèce comme distincte de la précédente, non seulement à cause des stries rayonnantes que portent les deux valves, mais encore par sa forme plus équilaterale, largement rostrée sur la valve droite. On la distingue de *C. Gregorioi* par sa carène plus obtuse son rostre plus large, ses stries rayonnantes, sa forme plus haute et moins allongée.

Telles sont les espèces que j admets dans le genre *Corbula* (*sensu stricto*) ; Ainsi je ne catalogue pas *C.* (*Necra*) *ignota*, de Greg. (*loc. cit.* p. 232, pl. XXXVII, fig. 15-18), qui me parait tout simplement une valve supérieure de *C. Murchisoni* ; ni *C.* (*Tiza*) *amara* de Greg. (*loc. cit.* p. 234, pl. XXVII, fig. 12-14), qui doit être une déformation accidentelle de *C. gibbosa* ou *Murchisoni* ; ni *C. texana*, Gabb., qui ne doit pas être une forme éocénique ; ni enfin *C. pearlensis*, Meyer (Contrib. eoc. pal. of Alab. 1886, p. 83, pl III, fig. 16) qui n'est certainement pas une *Corbula* et qui d'ailleurs n'est probablement pas de l'Eocène.

18. — **Cuspidaria prima**, (Aldr.) Je ne connais cette espèce que par la figure ; elle ressemble à certaines *Cuspidaria* du bassin de Paris (*C. Bouryi*, par exemple) ; il ne me parait pas admissible qu'on réunisse ce genre aux *Corbula* : Fischer en fait même une famille distincte, dans un sous ordre bien différent *Anatinacea*, tandisque les *Corbula* sont du sous ordre *Myacea*. L'osselet du cartilage ne peut être observé dans les espèces fossiles, mais la charnière est bien différente de celle des *Corbula* et jamais je n'ai, quant à moi éprouvé la moindre hésitation à reconnaitre une *Cuspidaria*.

19. — **Cuspidaria alternata**, (Aldr.) De même que l'espèce précédente, celle ci n'est pas de Claiborne ; sa forme et sa surface ornées de stries fibreuses la rapprochent de notre *C. Raincourti*, de l'Eocène inférieur.

20. — **Verticordia eocenensis**, Langdon *em*. pl. I, fig. 6.

V. *eocensis*, Aldr. 1886. Prelim. report tert. of Alab. p. 40, pl. 40, pl. VI, fig. 13.

Cette espèce a été figurée sans aucune description, ni indication de provenance, dans le géol. surv. of Alab., à la demande de M. Langdon ; toutefois, d'après le nom que lui donne l'auteur, il y a lieu de croire qu'elle appartient bien à la faune éocénique : il parait donc utile de la cataloguer, tout en rectifiant l'incorrection grammaticale de la dénomination proposée par Langdon. La figure présente de la ressemblance avec V. *formosa*. Wood, de l'Eocène de Wheatstone : mais elle est moins quadrangulaire et ses côtes paraissent plus nombreuses séparées par des interstices étroits. Au contraire, les deux valves que je possède de Jackson et qui m'ont été envoyées sous ce nom par M. Otto Meyer, se distinguent par des côtes étroites, que séparent de larges intervalles : néanmoins, il ne parait pas douteux que la coquille de Jackson ait été exactement déterminée et que ce soit bien l'espèce de Langdon. Dans ces conditions il est indispensable d'en donner une nouvelle figure et une diagnose.

Coquille assez déprimée, arrondie, ornée de 12 à 15 carène rayonnantes, subgranuleuses du côté postérieur, courbées et séparées par de larges intervalles au fond desquels on distingue quelques lamelles d'accroissement ; crochets un peu gonflés, fortement contournés du côté antérieur : valve gauche (la seule que je connaisse) portant sous le crochet une profonde cavité, destinée à recevoir la dent cardinale de la valve opposée, et en avant de laquelle le bord cardinal forme une sorte de cuilleron, produit par la profonde dépression de la lunule ; mais il ne faut pas confondre cette disposition avec une véritable dent cochléariforme. Intérieur des valves bien nacré : bord palléal muni de digitations pointues, formées par les prolongements des côtes ; impression de l'adducteur postérieur subtrigone placée assez bas.

Diamètre, environ 1,5 millim.

Loc. Jakson, ma coll. (Pl. I, fig. 6.

21. — **Periploma claibornensis**, (Lea). On ne connait de cette espèce que des fragments de charnière ; je n'ai pas été plus heureux que Lea dans mes recherches, les sables de Claiborne que j'ai explorés ne m'ont jamais fournis que deux cuillerons de valves opposées, répondant bien à la diagnose du genre *Periploma* ; mais il n'est pas possible d'indiquer la forme de la coquille et ses autres caractères.

22. — **Anatina complicata**, (Meyer). Autant qu'on peut en juger par la figure qui représente un fragment de charnière cette espèce n'appartient pas au genre *Periploma* qui est caractérisé par l'obliquité et l'étroitesse de son cuilleron' tandisque celui-ci est arrondi comme le sont les cuillerons des *Anatina* et des *Cochlodesma* ; comme ces deux derniers genres se différencient surtout par la présence ou l'absence d'un lithodesme, il est difficile de savoir si la coquille de Claiborne, dont on connait seulement un bord de cuilleron (double ? d'après M. Meyer) appartient à l'un ou à l'autre des genres précités.

23. — **Thracia estiva**, de Greg. Espèce dont la provenance éocénique n'est pas absolument certaine et qui n'est d'ailleurs connue que par un simple moule interne.

24. — **Pholadomya claibornensis**, Aldr. Très oblique et à peu près dénuée de côtes, cette espèce ne parait pas comparable à celles de l'Eocène d'Europe.

25. — **Pteropsis papyria**, (Conr.) Primitivement décrite comme *Lutraria*, cette espèce a été prise pour type du genre *Pteropsis*, que Fischer rapproche, avec beaucoup de raison des *Harvella* ; il n'y a en effet que de faibles différences dans la disposition de la charnière ; je n'en ai jamais recueilli de fragment, mais le type figuré par Conrad est une magnifique valve, peut-être restaurée ? C'est à la même espèce qu'il faut évidemment rapporter *Mactra dentata* Lea, fragment de charnière qui parait identique à celle du *P. papyria*, tandis que *M. decisa* que Conrad assimile à

l'espèce de Lea; est évidemment un fragment de charnière de *Meretrix*, comme le suggère M. de Gregorio. Par conséquent, ni l'un ni l'autre de ces deux derniers noms ne peut être conservé.

26. — Mactra parilis, Conr. C'est la même espèce que *M. pygmaea*, Lea : seulement la figure qu'il en donne est à peu près méconnaissable ; quant à Conrad, il a fait dessiner la surface extérieure sans la charnière ; néanmoins il paraît avoir le droit de priorité pour la dénomination de cette espèce, qui est d'ailleurs très variable. Il m'est impossible de comprendre comme notre cher confrère. M. de Gregorio a pu comparer cette coquille à une *Cyrena*, dont la charnière est bien différente ; même le *C. (Donacopsis) acutangularis*, Desh. qui s'en rapproche vaguement par sa forme triangulaire, ne peut être confondu avec une *Mactra* · il suffit d'un seul coup d'œil sur les échantillons de Châlons sur Vesle pour se convaincre qu'ils sont de familles absolument distinctes. Si l'on veut comparer l'espèce de Claiborne à celles de notre Eocène européen, ce serait plutôt des *M. semisulcata*, Lamk. et *contortula* Desh. qu'il faudrait la rapprocher ; mais elle est plus petite et moins arrondie que la première, plus triangulaire et plus équilatérale que la seconde.

Dimensions maximum : Longueur, 13 mill. ; hauteur 10 mill. Mais la plupart des individus n'atteignent guère que la moitié de cette taille.

27. — Mactrella prætenuis, (Conrad). Autant que je puis en juger par la figure, cette rare espèce se distingue de la précédente par le peu d'épaisseur de son test et par ses stries rayonnantes ; en outre, elle porte une carène anale très anguleuse ; cependant on ne peut être sûr qu'elle est bien classée dans le genre *Mactrella*, Gray (sous genre de *Harrella*), faute d'indications précises sur la charnière.

28. — Mactropsis æquorea, (Conr.) La dénomination de Conrad est un peu antérieure à celle (*Mactra Grayi* ; mais la figure qu'il en donna en 1846, ne vaut pas l'exactitude de celle de l'ouvrage de Lea, dès 1833 ; par conséquent la question de priorité est douteuse. En ce qui concerne le genre *Mactropsis*, je pense, comme M. de Gregorio, qu'il est plutôt de la famille *Mactridæ* que des *Mesodesmatidæ*, comme l'écrit Fischer : car la charnière paraît disposée pour recevoir deux ligaments, l'un interne dans une fossette superficielle en arrière de la dent cardinale en forme de A, l'autre externe et marginal ; les dents latérales sont finement crénelées sur leur face inférieure et paraissent lisses sur l'autre face : ce caractère très important avait échappé jusqu'ici, parce que les valves sont souvent roulées et usées, mais il est reproduit sur le grossissement, (fig. 15) de la Monographie de M. Gregorio, qui a aussi figuré une valve droite (fig. 16-17), quoiqu'il déclare ne pas posséder de valve de ce côté ; il est certain que la valve droite est un peu moins commune que la gauche. La taille maximum de cette espèce épaisse est 16 mill. de longueur sur 13 mill. de hauteur. Enfin, à l'instar de notre confrère, je considère *M. rectilinearis*, Conrad comme une simple variété de cette espèce, en conséquence je m'abstiens de la cataloguer.

29. — Syndesmya tellinula, (Conr.) Pl. I, fig. 7-8.

C'est avec la plus grande difficulté que je suis parvenu à séparer cette espèce, qui est une véritable *Syndesmya*, de *Egeria nitens*, qui est une *Tellina* et avec laquelle on la confondait jusqu'à présent : en effet la forme des deux coquilles est presque identique, et si l'on n'examine pas les charnières avec un fort grossissement, on n'aperçoit guère de différences. Il y en a cependant, et elles sont très importantes, de sorte qu'on peut retenir le nom de Conrad, au lieu de l'appliquer en double à l'espèce de Lea.

Coquille ovale, transverse, subtrigone, côté antérieur elliptique, côté postérieur plus court et plus pointu : bord supérieur rectiligne et déclive en arrière des crochets qui sont pointus, à peine saillants. Charnière comportant, à gauche, deux dents, l'antérieure bifide, la postérieure oblique et lamelleuse, séparée du bord par une fossette oblongue et étroite dont l'existence peut échapper à un examen superficiel de la coquille, mais qui est destinée à loger le cartilage, ce qui n'a jamais lieu dans le genre *Tellina* ; à droite, une dent antérieure très longue presque confondue avec le bord, une dent médiane courte et bifide, et enfin une fossette symétrique à celle de l'autre valve, ce qui prouve bien qu'elle n'est pas destinée à recevoir une dent, puisque la réunion des deux fossettes forme la poche caractéristique des *Syndesmya*. Sinus paléal peu visible, dont le contour supérieur s'avance à la moitié de la longueur de la valve, tandis que le contour inférieur se confond avec la ligne palléale.

Dimensions : longueur 10 mill.; hauteur 7,5 mill.

Loc. Claiborne, rare entière ; coll. coll. (pl. 1, fig. 7-8).

30. — Tellina nitens, (Lea). Cette espèce a presque la même forme que la précédente. quoiqu'elle soit cependant un peu plus arrondie du côté postérieur ; en outre les crochets font une saillie bien plus haute au dessus du bord cardinal ; enfin la charnière ne comporte que deux dents divergentes sous le crochet, l'une des deux est bifide ; les dents latérales sont plus visible sur la valve droite que sur la valve gauche ; il n'y a aucune trace de cuilleron pour loger le cartilage ; quant au sinus, il me semble bien que son contour inférieur ne se confond pas avec la ligne palléale et qu'il reste parallèle à une certaine distance, tandis que le contour supérieur s'avance plus en avant dans l'intérieur des valves. La taille de cette espèce ne paraît pas aussi grande que celle de *Syndesmya tellinula*, et cette diagnose répond assez exactement à la figure originale de Lea, de sorte qu'il ne peut y avoir d'hésitation sur la séparation de ces deux formes. C'est au *Tellina nitens* que s'appliquent les grossissements figurés dans la Monographie de M. de Gregorio, mais ils sont moins exacts que le petit dessin de l'ouvrage de Lea.

Cette espèce est beaucoup plus rare que *Syndesmya tellinula* : je n'en ai recueilli que 3 petites valves minces, dans une quantité de 100 kilog. de sable.

31. — Tellina ovalis, (Lea). Dans sa description, Lea indique bien l'existence de fines lamelles concentriques, qui s'anastomosent à l'extrémité postérieure de la coquille, tandis qu'à l'extrémité opposée elles se transforment en sillons écartés : il n'y a donc aucun doute sur l'interprétation de *Egeria ovalis*, dont les dents latérales sont bien visibles, de sorte que c'est bien une *Tellina*. Tous les auteurs ont confondu le côté postérieur de cette espèce avec le côté antérieur ; vérification faite d'après la position du sinus palléal, qui est peu visible sur la plupart des échantillons, l'extrémité postérieure est la plus courte, à peine le tiers de la longueur, un peu tronquée : à partir du pli obtus que porte de ce côté la surface extérieure, les lamelles cessent de deux en deux ; les crochets sont dirigés en arrière, le corselet est court, fortement caréné et profondément excavé sur le bord cardinal ; la lunule est étroite, allongée et de fines lamelles y reparaissent. (1) Cette espèce appartient au même groupe que *t. striatissima* et *minima*, du bassin de Paris, elle est plus étroite et encore plus inéquilatérale ; ce ne sont évidemment pas des *Peronoea* et il y aurait peut-être lieu de créer une nouvelle section pour ces formes qui sont exclusivement fossiles.

32. — Tellina papyria, Conr. Espèce très rare, dont Conrad n'a pas décrit la charnière, ni le sinus : elle appartient au groupe du *T. donacina*, c'est-à-dire à la section *Marcella* du sous genre *Eutellina*, Fischer. Je n'en ai jamais recueilli le moindre fragment.

33. — Tellina Sillimanni, Conr. Plus haute et plus courte que la précédente, plus arrondie du côté antérieur, par sa forme elle se rapproche davantage des *Arcopagia* ; mais on ne peut en être certain, Conrad n'ayant figuré que la surface dorsale.

34. — Tellina scandula, Conr. Ressemble un peu au *Tellina planata*, qui est le type du groupe *Peronea* ; de même que pour les deux précédentes, on ne connaît que la vue extérieure de l'une des valves.

35. — Arcopagia alta, Conr. Autant qu'on peut en juger par les reproductions des figure de Conrad, il y a lieu de réunir à cette espèce *Amphidesma linosa*, Conr. qui a la même ornementation et la même forme ; la charnière présente, il est vrai, quelques différences. mais je les attribue à une faute du dessinateur. Dans toutes les cas, pour confirmer le classement générique de cette coquille, il serait indispensable de vérifier si le sinus a bien une direction ascendante à l'intérieur des valves : or c'est précisément ce que j'ignore. Je supprime *Arcopagia Raveleni*, Conr., espèce qui ne paraît pas avoir été jamais caractérisée.

36. — Egerella subtrigonia, Lea. (= *E. neriformis* Lea, = *Tellina perorata*, Conr. = *Donax limatula*, Conrad)!

C'est une espèce commune à Claiborne et qui a donné lieu à beaucoup de confusions ; d'abord elle est identique à *E. reneriformis*, dont la forme est seulement un peu plus équilatérale, et comme *subtrigonia* est la première décrite dans l'ouvrage de Lea, son nom doit être préféré.

C'est une coquille trigone, toujours lisse, à bord palléal crénelé, un peu convexe, surtout du côté postérieur qui est plus court ; sur la valve droite, c'est la dent cardinale postérieure qui est bifide, sur la valve gauche c'est au contraire la dent antérieure ; les dents latérales sont à peine visibles, presque totalement confondues avec le bord supérieur ; le sinus palléal est profond et ascendant.

Cette espèce peut être considérée comme le type du genre *Egerella*, Stol. (= *Egeria*, Lea, non Roissy, nec Leach); car la première *Egeria* décrite par Lea est une *Mysia* (*E. rotunda*), la seconde est une *Lucina* (*L. inflata*, la troisième est *E. nitens* ; quant à *E. triangulata* et *Bucklandi*, ce sont des formes douteuses, ainsi qu'on le verra ci-après. *E. subtrigonia* se distingue d'*E. nitida* du bassin de Paris par sa forme moins allongée, moins rétrécie est arrière plus convexe ; il faut y réunir *Donax limatula*, Conr. qui n'a jamais été figurée, et probablement *Tellina perorata*, Conrad. dont on ne connaît que la vue extérieure, sans la charnière, ni le sinus, de sorte qu'on ne peut être guidé que par la forme générale de la valve, laquelle a de l'analogie avec l'espèce de Lea.

37. — Egerella triangulata, Lea, (= *E. Bucklandi*, Lea).

Autant que je puis en juger par les figures, *E. triangulata* se distingue d'*E. subtrigonia* par ses stries concentriques et par une faible sinuosité du bord palléal, du côté antérieur : il faut probablement y réunir *E. Bucklandi*, qui n'en serait qu'une déformation accidentelle, un peu plus haute que le type et plus équilatérale. Toutefois je n'ai jamais recueilli le moindre fragment qui corresponde à la diagnose de Lea, même sur un très grand nombre d'*E. subtrigonia*, je n'ai jamais observé de traces de stries ; c'est pourquoi cette espèce me paraît très douteuse, et il est bien possible qu'il faille également la réunir à *E. subtrigonia*, comme l'a proposé M. de Gregorio. Dans cette incertitude, il vaut mieux conserver la forme commune *subtrigonia* comme type du genre *Egerella*.

38. — Psammobia filosa, Conr. Je n'ai jamais trouvé de fragment qu'on puisse rapporter au genre *Psammobia* : cette espèce ayant été simplement signalé par Conrad, sans figure et avec une description insuffisante, on pourrait bien la supprimer, ainsi que la suivante. Peut-être Conrad a-t-il désigné sous ce nom des fragments du *Solenocurtus Blainvillei*?

40. — Venus retisculpta, Meyer. Espèce rare dont je n'ai pas recueilli plus de huit à dix valves dans 150 kilogr. de sable de Claiborne ; la taille maximum est 7 mill. de diamètre ; elle est moins arrondie que ne l'indique la figure grossie dans la Monographie de M. de Gregorio ; on n'aperçoit l'élégante ornementation de la surface dorsale que quand les individus ne sont pas roulés, ce qui est le cas le plus fréquent. La charnière est bien celle du genre *Venus*, dénué de dent latérale antérieure, le sinus est large et ovale, mais il est à peine plus grand que l'impression du muscle postérieur qui est très développée ; au contraire l'impression du muscle antérieur est petite et située très bas.

41. — Meretrix sequora, (Conr.) Je ne puis admettre l'extension proposée par M. de Gregorio pour cette espèce ; certes, elle est très variable dans son ornementation et même dans sa forme extérieure, mais ces variations ne s'appliquent ni à la charnière ni au sinus qui sont constants. D'autre part, il y a un certain nombre de formes. qui ne sont évidemment que des variétés de cette espèce, et auxquelles on a donné des noms différents. Voici donc comment on pourrait réformer, d'après moi, cette nomenclature trop confuse.

(1) Je suis convaincu, sans en avoir la preuve materielle, qu'il faut réunir comme synonyme, à *E. ovalis* l'*Egerella plana*, Lea dont M. de Gregorio fait un *Donax*, tandis que Conrad était plus dans la verité en le plaçant dans le genre *Tellina* : il suffit de remarquer que les bords ne sont pas crenelés, que surface porte le même pli posterieur et les mêmes lamelles que *E. ovalis* et des dents laterales beaucoup plus fortes que dans le genre *Egerella*.

Le type (*Cyth. æquorea*, Conrad = *C. Hydii*, Lea) est une coquille ovale, dont la hauteur égale les trois quarts de la longueur : le côté postérieur est trois fois plus long que le côté antérieur et est un peu plus rétréci ; la surface est irrégulièrement imbriquée par des varices d'accroissement, plus ou moins épaisses, plus ou moins écartées ; le sinus est obliquement tronqué, de sorte que la pointe est dirigée vers les crochets; la nymphe est très largement aplatie ; quant à la charnière, elle est exactement celle du groupe *Callista*.

La variété *Mortoni*, Conrad se distingue par sa forme plus oblongue, la hauteur n'est que les deux tiers de la longueur ; par ses sillons beaucoup plus réguliers ; par une légère sinuosité du bord palléal, du côté postérieur ; par sa nymphe plus allongée. C'est avec raison que Conrad la compare à *M. suberycinoides*, du bassin de Paris, quoiqu'elle soit moins aplatie et moins inéquilatérale. Elle est bien plus rare que le type.

La variété *trigoniata* Lea (= *discoidalis*, Conr. = *subcrassa* Lea = *Nuttali* Conr.) est plus triangulaire que le type ; sa lame cardinale est plus large, sa nymphe plus courte et plus étalée ; mais l'ornementation est identique à celle de *M. æquorea*. Il y a des intermédiaires et je ne crois pas qu'on puisse les séparer.

42. — Meretrix perovata, (Conr.) Cette espèce, qui a pour synonyme *Cyth. comis*, Lea, ne peut être confondue avec la précédente, quoiqu'elle appartienne encore au même groupe *Callista*; en effet sa charnière est différente : la dent latérale est moins rapprochée des dents cardinales, celles ci sont beaucoup moins obliques sur la valve gauche, plus minces sur la valve droite, la nymphe est beaucoup plus étroite et plus allongée ; le corselet se réduit presque à une ligne ; enfin la troncature du sinus n'a pas la même direction, de sorte que la pointe de l'extrémité est dirigée plutôt vers le bas ; la surface extérieure est à peu près lisse et jamais elle ne porte de varices concentriques, elle est seulement marquée, en arrière, d'une faible dépression qui produit souvent une sinuosité à peine sensible du bord palléal. C'est avec la plus grande facilité que j'ai toujours séparée les individus de cette espèce qui est presque aussi commune que la précédente, et je ne comprends pas qu'on propose de les réunir ensemble.

43. — Meretrix Poulseni, (Conr.) Cette espèce globuleuse a la plus grande analogie avec le *M. incrassata* de l'Oligocène d'Europe, qui appartient au sous genre *Pitar* (= *Caryatis*) ; elle a le même sinus triangulaire et pointu, les mêmes stries fibreuses, une charnière à peu près identique, quoique les dents cardinales sont un peu moins rapprochées et que la dent latérale soit plus pyramidale et moins lamelleuse dans l'espèce de Claiborne. Ma plus grande valve mesure 45 mill. de longueur, 40 mill. de hauteur et 16 d'épaisseur. On distingue aisément même les fragments de cette coquille de ceux des espèces précédentes, pas seulement par les caractères que je viens de rappeler, mais encore par l'existence d'une dépression anale sur la surface dorsale, exactement comme dans les espèces fossiles du groupe de *M. parisiensis*.

44. — Meretrix minima, (Lea) Il est probable que cette petite coquille obronde et globuleuse ne doit être que le jeune âge de *M. æquorea* (var. *trigoniata*); Lea lui même en a fait la remarque. J'en ai deux valves que j'ai soumises au grossissement du microscope, sans parvenir à apercevoir la forme du sinus ; les jeunes individus de *M. æquorea* ont cependant une forme beaucoup plus ovale et des stries bien différentes, de sorte que je ne puis me permettre de supprimer cette espèce.

45. — Meretrix exigua, (Conr.) L'auteur n'ayant pas figuré la charnière de cette coquille, il n'est même pas certain qu'elle appartienne à ce genre : elle a une forme triangulaire peu habituelle.

46. — Meretrix hatchetigboensis, (Aldr.) Peut-être cette espèce n'est elle qu'une déformation accidentelle du *M. aequorea* (var. *trigoniata*) ; elle a à peu près la forme de notre *Dolifusia crassa*, mais sa charnière est un peu différente, et surtout elle a une nymphe très largement étalée qui rappelle complètement celle de *M. æquorea*, de sorte qu'il est probable que c'est la même espèce déformée.

47. — Meretrix Dalli, n. sp. Pl. I, fig. 9-10.

Testa minuta, trigona, transversim oblonga, antice acutata, postice elatior, gibbosula, ac subrotunda, extus subtilissimæ striis fibrosis ornata ; cardine angusto tridentato; sinus pallii lato brevique.

Très petite coquille triangulaire, allongée dans le sens transversal, aiguë et rétrécie du côté antérieur, élargie, subtronquée et arrondie du côté postérieur qui est plus convexe et presque gibbeux ; crochets petits à peine inclinés en avant, presque médians : surface dorsale terne, portant de très fines stries fibreuses qu'on n'aperçoit qu'avec un très fort grossissement. Bord cardinal étroit, surmonté d'une lunule lancéolée, portant trois dents cardinales divergentes et une petite dent latérale antérieure : nymphe très courte, presque confondue avec le bord du corselet ; sinus palléal large, court, arrondi, à peine plus grand que l'impression de l'adducteur postérieur.

Dimensions : Longueur, 3 mill. ; hauteur, 2 mill.

Je ne puis rapporter cette petite coquille à aucune des espèces connes de l'Eocène des Etats Unis ; je n'en ai qu'une seule valve et il est probable qu'elle aura échappé aux recherches des paléontologistes qui se sont occupés de cette faune ; par sa charnière et son sinus elle appartient au groupe *Tivelina* et se rapproche particulièrement de *M. gibbosula*, Desh. ; mais ou l'en distingue par son bord supérieur qu'est moins dilaté en avant les crochets, et par son côté postérieur plus arrondi.

Loc. Claiborne, ma coll. (pl. I, fig. 9-10).

48. — Grateloupia Moulinsi, Lea. Cette belle espèce appartient au sous genre *Cytheriopsis*, Conrad, qui se distingue de la figure typique du genre *Grateloupia* par la brièveté du sinus et par la disposition des dents accessoires, lesquelles se réduisent à quelques crénelures crêpues, groupées sur un contrefort oblong et triangulaire qui est contiguë à la nymphe : la dent latérale antérieure est très écartée des autres, et la dent cardinale antérieure est presque parallèle au bord supérieur, de sorte qu'on peut la confondre avec une seconde dent latérale antérieure ; quant à la forme de la coquille, elle est bien celle des *Grateloupia*, trigone et pointue du côté postérieur, où le bord palléal dessine une sinuosité correspondant à un pli obtus de la surface dorsale, tandisque le bord supérieur est presque rectiligne en arrière des crochets.

49. — Cardium hatchetigboensa, Aldr. Je ne connais pas cette espèce, qui n'a d'ailleurs pas été signalée à Claiborne.

50. — Cardium Tuomeyi, Aldr. Même observation que pour l'espèce précédente.

51. — Cardium Nicolleti, Conr. Bien que je n'aie pas vu cette espèce, il me semble, autant que je puis me faire une opinion, d'après la diagnose transcrite par M. de Gregorio, qu'elle appartient comme la suivante, au sous-genre *Nemocardium*, Meek, qui a pour type *C. semiasperum*, Desh.

52. — Cardium diversum, Conrad. Cette espèce doit être d'une extrême rareté, car, sur 150 k de sable, je n'ai jamais recueilli qu'un seul fragment de la région postérieure, ornée de côtes aplaties que séparent de profonds sillons, et sur les quelles sont disposées des écailles triangulaires et tubuleuses, la plupart du temps enlevées par l'usure.

53. — Chama mississipiensis, Conr. M. Meyer m'a donné une valve de cette espèce, venant du gisement de Wantubbée que je crois bien être éocénique ; c'est pourquoi je suis d'avis de l'insérer dans la liste générale de cette faune, bien que je n'en aie recueilli aucun fragment dans les sables de Claiborne. C'est une forme très voisine de *C. intricata*, Desh. mais moins finement treillissée ; elle ressemble également à *C. punctulata*, mais elle est dénuée de ponctuations internes ; enfin ses protubérances sont moins grossières que celles de *C. depauperata*, dont la charnière est, en outre, plus épaisse.

54. — Sportella Gregorioi, *nor. sp.* Pl. I, fig. 11-12.

Testa depressa, oblonga, fere æquilateralis, latere antico paululum longiore, umbone mediocriter prominulo : cardine bidentato ; nympha brevi ac laminari ; cicatriculis musculorum angustis et elongatis.

Coquille déprimée, assez petite, à peu près lisse et seulement ornée de stries, d'accroissement très peu visibles ; forme presque équilatérale, côté postérieur un peu plus court et plus élargi, avec une dépression dorsale assez profonde ; côté antérieur plus étroit et ovale ; crochets faiblement gonflés, médiocrement saillants, en arrière des quels le bord supérieur est un peu dilaté ; bord palléal peu curviligne. Charnière composée, sur la valve gauche, d'une dent cardinale antérieure assez saillante, oblique et reliée à la lame cardinale qui est assez longue en avant, d'une dent médiane, courte et petite, fosse du cartilage rétrécie par une échancrure de la lame cardinale sous la pointe du crochet : nympha lamelleuse et très courte ; impressions musculaires étroites et allongées en forme de massue.

Dimensions : longueur, 7·5, mill. ; largeur, 5 mill.

Cette espèce a beaucoup de ressemblance avec plusieurs de nos espèces parisiennes ; toutefois elle est moins équilatérale que *S. dubia*, moins quadrangulaire que *S. Caillati*, moins tronquée que *S. macromya* ; elle a les crochets moins inclinés que *S. erycinoides* qui a presque la même forme, mais dont le côté postérieur ne porte pas de dépression dorsale : enfin elle est moins gonflée et moins équilatérale que *S. fragilis*, de l'Eocène inférieur. Je la crois donc bien légitimement nouvelle.

Loc. Claiborne, une seule valve, ma coll. (pl. I. fig. 11-12).

55. — Mysia ungulina, (Conr.) Comme l'a remarqué, avec raison, M. de Gregorio, les jeunes individus de cette espèces sont très inéquilatéraux, et l'on serait tenté de les confondre avec des *Astarte* ou plutôt avec des *Goodallia* ; ce n'est qu'en étudiant soigneusement la charnière qu'on constate avec celle des individus adultes, lesquels sont beaucoup plus arrondis. Cependant je ne puis réunir à cette espèce *Egeria nana*, Lea dont la forme est beaucoup plus oblique et dont la charnière est complétement celle du genre *Goodallia* ; on retrouvera cette espèce dans ce genre et j'y rapporte aussi *Egeria donacina*, Conrad dont la forme est la même. En résumé, je me borne donc à admettre comme synonymes de *M. ungulina*, *M. astartiformis* et *deltoidea*, Conrad, qui sont évidemment des variétés du type et que l'auteur n'a pas caractérisé, d'une manière précise.

56. — Mysia inflata, (Lea). Cette petite espèce est rare ; je n'en ai recueilli que deux valves, qui me paraissent bien distinctes de *M. ungulina* par leur forme équilatérale et subquadrangulaire, qui rappelle *Diplodonta bidens* Desh. : elle appartient d'ailleurs au même genre, et dans ces conditions la dénomination *Sphaerella*, Conrad doit disparaître comme synonyme postérieur de *Mysia*, Leach 1819. Il y a lieu de réunir à cette espèce *Sphaerella laevis*, Conrad, que l'auteur compare lui même à *Dipl. bidens* et qui parait identique à l'espèce de Lea.

57. — Corbis distans, Conrad. Je possède deux fragments de valve gauche, dont l'un se rapporte exactement à la figure de cette espèce, avec des lamelles écartées et une forme un peu gonflée, tandisque l'autre plus aplatie, porte des lamelles un peu plus serrées, ainsi que l'indique Conrad dans sa diagnose de *C. lirata* ; néanmoins je suis convaincu que ces deux fragments appartiennent à la même espèce car sur les crochets les lamelles sont beaucoup moins espacées ; c'est à cette opinion *C. lirata* ne serait que le jeune âge de l'autre espèce qui a la priorité, ayant été décrite 14 ans avant l'autre. On ne peut confondre *C. distans*, avec notre *C. lamellosa*, Lamk, qui a une forme plus allongée et plus arrondie aux extrémités, le bord supérieur moins anguleux et une ornementation différente.

58. — Lucina compressa, Lea. Cette espèce grande espèce appartient au groupe *Miltha*, comme notre *L. Curieri*, Bayan ; mais elle s'en distingue par son impression musculaire plus large, s'étendant jusqu'au milieu de l'intérieur des valves, et par les franges carliées qui surmontent son impression palléale ; elle est moins irrégulière que *L. contorta* et dénuée des lamelles qui caractérisent la surface extérieure de cette dernière. Il est rare de la trouver complétement entière.

59. — Lucina rotunda, Lea. Beaucoup plus rare que l'espèce précédente, cette coquille n'appartient pas au même groupe : c'est une *Dentilucina*, Fischer, voisine de notre *L. emendata*, Desh., mais avec une forme plus haute, une charnière plus épaisse et une impression musculaire antérieure plus allongée.

60. — Lucina carinifera, Conrad. Cette espèce très convexe est l'analogie de *L. columbella* qui est le type de la section *Linga*, de Greg. Elle n'est pas excessivement rare et j'en possède une dizaine d'exemplaires : mais, quand ils ne sont pas adultes, ils sont plus plats à peine lamelleux vers les bords, et on pourrait les confondre avec *L. papyracea*, si l'on ne faisait attention à la charnière ; et surtout à la lunule et au corselet qui sont profondément imprimés et très larges.

61. — Lucina recurva, Lea. Cette espèce est caractérisée par son crochet pointu et saillant, recourbé en avant, par sa lunule profondément excavée, et son large corselet auquel correspond une échancrure sur le bord palléal : malgré sa charnière développée, elle doit appartenir au sous genre *Hera* et on peut l'y placer à côté de notre *L. Barbieri*, dont elle se distingue par des stries rayonnantes bien plus fines et obsoletes, par ses sillons concentriques non festonnés, enfin par ses dents plus allongées.

62. — Lucina impressa, Lea. Celle-ci est l'espèce la plus commune et par conséquent la plus variable du gisement de Claiborne ; sa forme est plus ou moins gonflée, ses stries concentriques sont plus ou moins régulières, son côté postérieur est souvent caréné : aussi n'est-il pas étonnant qu'elle ait donné lieu à des confusions qui se traduisent par une synonymie touffue.

Je suis d'avis qu'il y a lieu d'y réunir *E. pomilia*, Conr., *L. modesta*, Conr., *L. alveata*, Conr., *L. Smithi*, Meyer, qui n'en diffèrent pas par des caractères suffisants ; mais je pense qu'on doit considérer comme absolument distincte l'espèce suivante.

63. — Lucina papyracea, Lea. Beaucoup plus mince et plus irrégulière que l'espèce précédente, elle est plus élargie et moins haute ; sa surface est dénuée de sillons concentriques et ne porte que de fines stries d'accroissement ; sa charnière est bien moins épaisse.

64. — Lucina claibornensis, Conrad. Bien que cette espèce n'ait pas été figurée, il me semble évident d'après la diagnose que c'est la coquille décrite par M. de Gregorio sous un nom nouveau *E. amica* ; dans le doute, il vaut mieux faire cette assimilation hasardée que de créer une espèce qui est probablement synonyme de l'autre ; je ne l'ai pas recueillie à Claiborne.

65 — Lucina bisculpta, Meyer. De même que M. de Gregorio, il m'est impossible de donner des détails sur cette espèce qui serait caractérisée par ses lamelles concentriques serrées près des crochets, plus écartées sur le bords, ainsi que par sa forme orbiculaire et transverse. Est-ce même bien une *Lucina?*

66. — Lucina subvexa, Conrad. Elle paraît appartenir au sous-genre *Loripes*, par sa forme globuleuse et par sa charnière sans dents.

67. — Scintilla alabamiensis, nov. sp. Pl. I, fig. 15-16.

Testa minuta, fragilis, elliptica, extus laevigata ac depressa, intus subradiata ; umbone parum prominulo, haud incurvo, fere mediano ; dentibus anticis valvulae sinistrae obliquis et divergentibus; fossula profunda : dente postico erecto, brevi; cicatriculis rotundis, minutis, alte sitis.

Petite coquille mince, fragile, elliptique, presque équilatérale, ayant les extrémités arrondies, le bord palléal peu courbé, les deux parties du bord supérieur également déclives de part et d'autre des crochets, qui sont peu saillants peu courbés, opposés et à peu près médians.

Surface extérieure lisse, déprimée : surface intérieure obscurément rayonnée. Charnière composée sur la seule valve gauche que je possède, de deux dents cardinales antérieures, obliques et divergentes, séparées par une fossette large et profondément excavée de la dent latérale postérieure, qui est mince, courte, bien posée sur le bord où elle fait une saillie très visible.

Impressions musculaires petites, arrondies, placées assez haut.

Dimensions : longueur, 4 mill. : hauteur, 9 mill.

Bien que je n'aie jamais recueilli qu'une seule valve un peu entamée de cette rare espèce, je n'hésite pas à la décrire, parce qu'elle présente bien les caractères du genre *Scintilla* qui n'avait pas encore été signalé dans l'Eocène d'Amérique et qu'elle est bien distincte des espèces du bassin parisien, qui sont allongées ou plus convexes et dont le bord supérieur est davantage parallèle au bord palléal.

Loc. Claiborne, ma coll. (pl. I, fig. 15-16).

68. — Erycina Whitfieldi, Meyer. Je possède trois valves de cette petite espèce qui a été mal reproduite par le dessinateur dans les deux figures qu'en a successivement donné l'auteur ; elle est plus haute et moins oblongue que ne l'indique la fig. 8 de la pl. II de « *Beitrag z. Kennt. des Alttert. v. Miss. u. Alab.* » et elle ressemble plus à notre *E. arcta* qu'à *E. obsoleta* dont la rapproche M. Meyer. D'ailleurs mes trois valves, qui n'appartiennent peut-être pas à la même espèce : ne sont même pas absolument identiques entre elles : l'une est plus convexe que les deux autres, les crochets sont ou tout à fait médians, ou placés un peu en arrière : néanmoins j'attendrai des matériaux plus nombreux avant de proposer de séparer comme espèce distincte la variété *Meyeri*, plus plate, plus équilatérale, plus orbiculaire, et dont la charnière est plus mince que dans le type.

69. — Kellia faba, (Meyer.) Trompé par la forme en haricot que présente cette petite coquille, M. Meyer à cru devoir le placer dans le genre *Hindsiella* ; mais après avoir attentivement examiné au microscope une petite valve que j'ai eu la bonne fortune de trouver dans le sable de Claiborne, je me suis assuré que sa charnière n'a pas la moindre analogie avec celle de notre *H. arcuata*, qui est une coquille à ligament externe tandisque l'espèce américaine a une échancrure cardinale comme les *Kellia* et une petite dent cardinale confondue avec le bord antérieur ; c'est donc bien une *Kellia* comme le pense M. de Gregorio, bien qu'elle n'ait pas une forme habituelle pour ce genre.

70. Montacuta, Dall, nov. sp. Pl. I, fig. 13-14.

Testa minuta subtrigona, valde inaequilateralis, antice duplo longior, postice truncata et subangulosa, margine palliali rectiuineari, umbone, parvo, haud prominulo : superficies externa striis fibrosis incrementi ornata, postice angulo decurrente notata, in medio plana, antice obliquiter angulata ; cardine bidentato, fossula mediana profunde emarginata : cicatriculis bene impressis, anteriori longe ac anguste producta.

Jolie petite coquille, subtrigone, très inéquilatérale, peu convexe : côté antérieur égal aux deux tiers de la longueur, plus rétréci, ovale à son extrémité ; côté postérieur bien plus court, dilaté et un peu tronqué ; bord palléal complètement rectiligne : crochets petits, à peine saillants et peu gonflés. Surface extérieure ornée de fines stries d'accroissement, fibreuses et serrées : la région médiane est absolument plate, limitée par deux angles décurrents, dont l'un plus saillant correspond à la troncature anale, l'autre plus faible encadre une dépression oblique qui aboutit à l'extrémité antérieure.

Charnière courte et petite, comportant, sur la valve droite, deux dents minuscules entre lesquelles est une large fossette profondément échancrée sous le crochet : impressions musculaires bien gravées, l'antérieure allongée, étroite, l'autre plus courte et plus arrondie.

Dimensions : longueur, 3, 5 mill. ; hauteur, 2. 5 mill.

Cette intéressante espèce présente bien les caractères du genre *Montacuta*, par sa forme, sa charnière et ses impressions musculaires : elle est moins plate et moins mince que notre *M. tenuissima*.

Loc. Claiborne, une seule valve, ma coll. (pl. I, fig. 13-14).

71. — Kellyella Bœttgeri, Meyer. Je dois à la générosité de M. Meyer plusieurs valves de cette minuscule coquille, provenant de Jackson (Mississipi) ; en les examinant au microscope, je me suis assuré que leur charnière est semblable à celle des *Kellyella* typiques, reproduite avec un fort grossissement dans le Manuel de Fischer ; la seule différence, c'est que la dent cardinale postérieure est plus globuleuse et moins lamelliforme sur la valve droite, et que les dents superposées de la valve gauche sont plus épaisses.

Cette espèce est plus arrondie que notre *K. leana* (Desh.) et elle s'en distingue surtout par ses sillons concentriques et par sa large lunule profondément gravée. Je serais disposé à admettre *Allopagus* Stol. comme sous genre de *Kellyella* parce qu'il y a une dent cardinale en moins, une surface lisse et pas de lunule visible ; dans ces conditions on classerait *K. leana* dans ce sous genre, tandisque *K. Bœttgeri* serait conservé dans le groupe typique de *Kellyella*.

72. — Lutetia parva, (Conr.) Avant de me décider à classer *Alveinus parvus* dans le genre *Lutetia* Desh., j'ai comparé les charnières, sous l'objectif du microscope, et j'ai constaté que la disposition des dents est à peu près identique : peut-être la fossette cardinale de la coquille américaine est elle un peu plus profondément creusée, mais je ne pense pas que cette différence soit suffisante pour mériter la création d'un genre *Alveinus* distinct de *Lutetia*, qui est d'ailleurs antérieur de cinq années à celui de Conrad ; comme tous les autres caractères, forme générale de la coquille, impressions, surface lisse, sont semblables, je conclus que ces deux dénominations sont synonymes. On distingue facilement cette espèce de la précédente, quoiqu'elle ait une forme et une taille analogues, par l'absence de sillons et de lunule, par sa charnière différente ; elle est moins quadrangulaires et moins convexe que *L. parisiensis* et *umbonata*, moins haute que notre *L. deficiens*.

73. — Crassatella alta, Conrad. Ce n'est pas au *C. plumbea*, mais surtout à *C. Thallavignesi*, Desh. que ressemble cette grande espèce, qu'il est rare de trouver absolument en bon état ; toutefois on l'en distingue par sa forme encore plus haute et plus triangulaire, presque équilatérale, par sa fossette ligamentaire plus grande, par son impression musculaire postérieure plus allongée, par son corselet plus largement et plus profondément excavé. Lorsqu'elle est jeune, elle a une forme rhomboïdale bien différente de celle des individus adultes, et elle est ornée de sillons concentriques qui disparaissent dès que les valves atteignent une taille de 15 mill. Ma plus grande valve mesure 10 centimètres de largeur transversale, 10 centim. de hauteur, et la charnière occupe 3 cent. de cette hauteur ; on observe, quand les individus sont très frais, de fines crénelures sur le bord extrême de la lunule, et sur le bord interne du corselet : le bord palléal est muni de dentelures assez saillantes au milieu, diminuant graduellement du côté antérieur, et disparaissant tout à fait avant d'atteindre la troncature du côté postérieur.

74. — Crassatella protexta, Conrad, Nous n'avons dans le bassin de Paris aucune forme qui puisse être comparée à cette étrange coquille, commune à Claiborne : cependant quand elle est encore jeune, et qu'elle n'a pas acquis la forme rostrée et sinueuse des grands individus, elle est entièrement striée sauf sur la région anale, et alors elle a un peu l'aspect de notre *C. tenuistriata* ou *grignonensis*.

75. — Astarte Nicklini, Lea. Les jeunes individus de cette espèce assez commune sont tellement aplatis qu'on pourrait les prendre pour espèce distincte de l'âge adulte : c'est pourquoi il faut considérer comme synonymes : *A. sulcata* Lea, *A. tellinoides*, Conr. ; *A. prorata*, Conr. et *C. callosa*, Conr. C'est pour cette coquille que Conrad a proposé le sous genre *Lirodiscus*.

76. — Astarte Conradi, Dana. Je suis convaincu, sans pouvoir en donner la preuve, que cette espèce n'est encore qu'une variété de la précédente ; en comparant la figure qu'en donne Aldrich, on remarque seulement que l'ornementation se compose de côtes plus effacées et de fines stries : il est dommage que la charnière n'ait pas été dessinée.

77. — Astarte conspicua,, De Greg. Cette espèce n'appartient peut-être pas à l'Eocène, en tous cas, on ne la rencontre pas dans les sables de Claiborne.

78. — Astarte pitua, de Greg. Même observation que pour la précédente.

79. — Astarte triangulata, Meyer. Les exemplaires de Red bluff que m'a envoyés M. Meyer ont à peu près la forme de l'*A. pitua* ; mais ils sont encore plus convexes et leur lunule est plus excavée, en outre leurs côtes concentriques sont moins saillantes et se transforment en stries sur la région palléale, comme dans *A. conspicua* : Meyer (Contrib. p. 80, pl. III, fig. 21) dit que les bords de cette espèce sont crénelés, mais aucune de mes six valves ne montre ce caractère, de sorte que je ne puis me baser sur lui pour distinguer l'espèce soit de *A. conspicua* qui a les bords crénelés, soit de *A. pitua* qui a les bords lisses.

80. — Astarte pretracta, Je ne puis donner aucun détail sur cette espèce que l'auteur cite à ,Enterprise (Miss.), probablement dans l'Eocène, et dont la forme allongée s'écarte de toutes celles qui précèdent.

81. — Micromeris minor, (Lea) C'est la plus répandue des *Astarte* minuscules que l'on peut classer dans le genre *Micromeris*, Conrad, caractérisé par la forme aplatie et trigone des valves, et se distinguant de *Astarte* par sa forte dent latérale postérieure, très allongée, l'ornementation se compose tantôt seulement de sillons concentriques, tantôt aussi de costules rayonnantes. En ce qui concerne plus particulièrement *M. minor*, c'est une espèce très plate, à bords supérieurs rectilignes, faisant au crochet un angle de 65 à 70°, dont les sillons sont très écartés sur la région du crochet, plus serrés sur la région palléale ; la lunule et le corselet sont lancéolés et fortement carénés.

82. — Micromeris parva, (Lea) Beaucoup plus haute et plus oblique que la précédente, plus rare, elle s'en distingue par sa forme moins élargie et moins aplatie, surtout par ses sillons également serrés sur toute la surface dorsale et enfin par son bord palléal muni de quelques grosses crénelures écartées ; c'est évidemment à cette espèce qu'il faut rapporter *Astarte subparra*, Meyer. et *A. monroensis*, qui n'en sont que les variétés locales, et qui ne méritent pas de former des espèces distinctes.

83. — Micromeris minutissima, Lea. Encore plus petite que les précédentes, elle s'en distingue par sa forme plus convexe, plus haute, et surtout par son ornementation composée de petites côtes rayonnantes et aplaties ; les bords sont crénelés, M. Meyer m'en a envoyé quelques valves de Jackson et j'en ai recueilli deux dans les sables de Claiborne.

84. — Goodallia nana, (Lea) (= *Egeria donacia*, Conrad = *Egeria nana* Lea). En examinant avec un fort grossissement les valves que l'on ne peut rapporter qu'à *E. nana* Lea, je me suis aperçu que leur charnière s'écarte complétement de celle du genre *Mysia* et est identique à celle des coquilles parisiennes que Deshayes assimile aux *Goodallia*: le côté postérieur très court est tronqué, la charnière porte une dent épaisse et bilobée sur la valve gauche, deux petite dents divergentes dont l'une bifide sur la valve droite ; la nymphe est courte, peu oblique et placée très près des crochets, de sorte qu'on pourrait la confondre avec une dent cardinale ; la surface est irrégulièrement striée et le bord palléal est dénué de crénelures.

85. — Cardita planicosta, Lamk. Identique aux individus du bassin de Paris, elle présente les mêmes variations, et il ne parait pas possible d'admettre comme espèce distincte *C. dorsata*, Conrad. Quand elle est jeune elle parait plus transverse et le côté antérieur est plus dilaté; les vieux individus ont une forme plus trigone, des crochets plus inclinés du côté antérieur ; quant au nombre des côtes il est excessivement variable, de même que dans nos gisements; on trouve des individus qui ont plus de 30 côtes étroites, séparées par de larges intervalles, comme dans la var. *mitis*, Desh,, tandisque d'autres valves en ont à peine 25 aplaties, trois fois plus larges que les sillons qui les séparent; mais, comme on trouve tous les intermédiaires, il n'est pas possible de tracer des limites précises aux espèces qu'il faudrait créer en grand nombre, si l'on attachait quelque importance à ces variations.

86. — Cardita transversa, Lea. Cette espèce est extrêmement variable, mais pas à un tel point qu'il faille y réunir *C. rotunda*, la quelle appartient à un tout autre groupe. C'est une espèce oblongue et transverse, généralement dilatée du côté postérieur quand elle est jeune, et alors munie de côtes tranchantes, finement squameuses, de sorte que Lea, lui a attribué un nom distinct *C. Sillimanni* qui ne doit pas à titre conservée, même être de variété, pas plus que mut. *secans*, de Greg., attendu que c'est la forme typique de la coquille à cet âge, et que je n'ai jamais trouvé de jeunes individus ayant les caractéres de *C. transversa*, c'est à dire de la forme adulte. A mesure que la coquille a-vance en âge, ses côtes s'élargissent, s'arrondissent, se dénudent, sa forme devient plus oblique, son côté postérieur plus déclive; elle s'épaissit et finit par attendre la taille maximum de 6 centim. de longueur, sur 5 cent. ½ de hauteur ; chaque valve a alors une épaisseur de 2 cent. ½.

87. — Cardita rotunda, Lea. Même dans ses variations les plus extrêmes, jamais *C. transversa* n'acquiert une forme aussi arrondie que cette espèce et je suis d'avis que Lea a eu raison de la séparer. Celle ci aussi est très variable, plus ou moins convexe, plus ou moins dilatée du côté postérieur, ornée de côtes dont le nombre varie de 24 à 30, et qui portent tantôt des crénelures articulées, tantôt des squames très serrées ; quand les valves sont en bon état ces côtes produisent des digitations sur le bord palléal. J'ai vainement essayé de classer les valves très nombreuses que j'ai recueillies, de manière à y reconnaitre des variétés et je déclare que cela est impossible, à cause des intermédiaires qui passent d'une forme à l'autre. Il en est tout autrement dans le bassin de Paris ; car les espèces mul tiples que Deshayes a nommées, correspondent à des formes bien définies, dont les caractères sont constants et qui d'ailleurs caractérisent des niveaux et des gisement différents : il n'y a donc pas lieu de réunir nos espèces parisiennes à celle de Lea.

88. — Cardita parva, Lea. Petite espèce extrêmement commune, peu variable : cependant il me semble qu'il y a lieu d'y réunir *C. inflation*, Meyer, qui est une forme un peu plus gonflée que le type : cette petite différence tient à l'âge des échantillons et elle n'a pas la valeur d'un caractère spécifique.

89. — Nucula magnifica, Conrad. Cette grande espèce atteint 26 mill. de longueur sur 18 mill. de hauteur : elle est caractérisée par sa forme oblongue, subtrigone, par ses crochets gonflés, fortement inclinés du côté antérieur au dessus d'une région lunulaire excavée, qui n'est limitée par aucune strie : on distingue de fins rayons sous l'épiderme de la surface dorsale : les dents sériales sont droites, plus serrées près des crochets, plus espacées à mesure qu'on approche de l'extrémité. Elle est plus grande et plus transverse que les *N. parisiensis* et *mixta* de notre Eocène d'Europe, plus convexe que *N. similis* de Barton.

90. — Nucula ovula, Lea. Il est très facile de distinguer cette espèce de la précédente : elle est plus petite, plus ovale, plus courte, munie d'une lunule convexe que limite une strie bien visible ; ses crochets sont plus petits, moins recourbés : ses dents sériales ont un peu pliées, elles augmentent la taille à mesure qu'elles s'écartent des crochets, mais elles conservent le même espacement. Les stries rayonnantes de la surface dorsale ne sont pas toujours aussi visibles que l'indique la figure de Lea, cela dépend de l'usure des individus. Cette espèce ne peut se confondre avec notre *N. suborata* qu'est plus régulièrement ovale et dont la lunule est encore plus grande. Je rapporte à titre de simple variété du *N. ovula* la forme décrite par Lea sous le nom *carinifera*, d'après un simple fragment ; je possède plusieurs valves qui présentent beaucoup d'analogie avec le *carinifera*, et qui cependant ne peuvent se séparer du type de *N. ovula* : cette variété atteint une taille un peu plus grande, mais jamais la moitié des dimensions de *N. magnifica* : elle est plus haute que *N. ovula*, mais moins transverse que *N. magnifica*, elle est surtout caractérisée par son corselet subcaréné et par sa lunule moins convexe, quoique limitée par une strie profonde.

91. — Nucula meridionalis, Meyer et Aldr. (Meyer, 1887, *Beitr. z. Kennt.* p. 10, pl. II, fig. 2).
L'auteur m'a envoyé une vingtaine de valves de cette espèce qui parait commune dans l'Eocène de Jackson : on la distingue des précédentes, non seulement par sa petite taille, mais par ses dents beaucoup plus grosses à proportion ; sa lunule rarement conservée, est peu convexe et bien limitée par une étroite dépression ; elle est plus trigone que *N. ovula*, moins transverse que *N. magnifica* et son côté antérieur est plus court et plus tronqué que dans aucune de ces deux congénères.

92. — Nuculana mearnsensis, Aldr. Cette petite espèce doit être très rare, car je n'en ai jamais trouvé qu'une seule valve dans les sables de Claiborne ; elle est caractérisée par l'ornementation de sa surface, sur laquelle des sillons concentriques profonds et serrés, sont croisés par de fines stries rayonnantes, surtout sous les bords ; ces ornements cessent sur la lunule qui est un peu convexe, lancéolée, faiblement limitée ; crochets pointus, assez élevés ; dents assez fortes, au nombre de cinq du côté antérieur, et de 10 à 12 du côté postérieur.

93. — **Nuculana Brongniarti**, (Lea) ; Grande espèce caractérisée, par ses stries obliques et sinueuses, par son rostre tricaréné, par son corselet lisse, aussi long que le côté postérieur, et par sa lunule lancéolée. Comme on le verra ci-après, j'ai des matériaux suffisants pour certifier que *N. magna* et *plana* n' appartiennent pas à la même espèce : quant à *N. bella*, je ne puis rien affirmer, puisque Conrad ne l'a pas figurée et qu'il en a donné une description tout à fait insuffisante ; en tous cas le nom *bella* est postérieur à *Brongniarti*.

94. — **Nuculana plana**, (Lea), L'auteur n'a figuré qu'un fragment de cette espèce ; mais les détails qu'il donne dans la diagnose sont suffisants pour me permettre d'y rapporter un fragment du côté antérieur de la valve droite qui est orné de lamelles tranchantes, auxquelles succèdent subitement les costules concentriques plus émoussées, avec quelque filets plus fins et parallèles dans les interstices ; ce dimorphisme de l'ornementation de la surface dorsale est assez exactement reproduit sur la figure 213 de la pl. VI. de sorte qu'il ne peut y avoir d'hésitation sur cette détermination, et sur la nécessité de conserver cette espèce distincte de la précédente qui a une ornementation absolument différente.

95. — **Nuculana pulcherrima**, (Lea). J'ai hésité à séparer cette espèce de la précédente, parce que son ornementation a beaucoup d'analogie ; mais autant que je puis en juger d'après la figure, le contour du côté antérieur est anguleux, tandisque le fragment que je possède de *N. plana* est, au contraire, arrondi ; en outre, la figure indique pour *N. pulcherrima*, une charnière bien plus arquée et composée d'un moins grand nombre de dents ; aussi, jusqu'à ce qu'on ait de meilleurs matériaux de comparaison, il vaut mieux s'abstenir de réunir ces deux espèces.

96. — **Nuculana magna**, (Lea) (= *protexta*, Conrad 1865). Grâce à un fragment du rostre de cette espèce, que j'ai recueilli dans mes sables de Claiborne, j'ai pu m'assurer que *N. protexta* représente un individu complet de *N. magna*, dont Lea n'avait figuré qu'un fragment peu déterminable ; mais comme la dénomination proposée par Conrad est postérieure de trente deux ans, il vaut mieux reprendre le nom de Lea. Mon fragment porte bien les stries parallèles au bord palléal, qu'indique la figure de Lea : ces stries cessent avant d'atteindre la région rostrale qui est lisse, plate et largement tronquée ; le corselet est étroit, excavé et paraît portier deux petites carènes rayonnantes. Ces détails ne sont pas indiqués sur la figure de Conrad, qui représente une coquille lisse ; c'est donc surtout par la forme générale de la valve que je me suis guidé pour cette assimilation. (Pl. I, fig. 19).

97. — **Nuculana media**, (Lea). Cette jolie petite espèce n'est pas très commune : on la reconnaît principalement par ce caractère que ses stries concentriques, profondément gravées sur la région dorsale et palléale, s'effacent du côté antérieur, qui est lisse à partir du tiers de la longueur ; cette disposition est très bien indiquée sur la figure de Lea, et elle a été complétement omise sur les reproductions et grossissements de la Monographie de M. de Gregorio.

98. — **Nuculana plicata**, (Lea). Extrêmement voisine de la précédente, elle s'en distingue cependant par sa forme plus étroite, par ses crochets situés plus en avant par son rostre plus allongé, et surtout par ce que ses stries concentriques persistent du côté antérieur ; ce dernier caractère est invariable et il justifie la séparation des deux espèces. Non seulement j'ai recueilli *N. plicata* à Claiborne : mais j'en possède trois valves, de Jackson, que M. Meyer m'a envoyées sous le nom *Leda mater*, qui est absolument synonyme de *N. plicata* ; la figure 2) de la Pl. III (Contrib. Alab. A. Miss. 1886) est identique à celle de Lea ; dans le texte (p. 79), l'auteur n'a même pas comparé les espèces ; il est probable qu'il avait oublié l'existence de l'autre.

99. — **Nuculana semen**, (Lea). Espèce extrêmement rare à Claiborne, tout à fait différente des deux précédentes ; elle s'en distingue par sa forme plus convexe, par son rostre bien plus aigu, formant une longue digitation, isolée du bord palléal par une échancrure profonde qui correspond à une large dépression anale : l'ornementation n'est pas moins caractéristique : de fortes lamelles saillantes plus rapprochées sur les crochets, très écartées vers le bord palléal, occupent la région antérieure et dorsale, dans les intervalles sont quelques filets d'accroissement concentriques ; elles s'arrêtent subitement à une petite côte rayonnante qui limite la dépression anale, laquelle est seulement ornée de fines lamelles d'accroissement, peu visibles et peu saillantes : de l'autre côté de cette dépression est une forte carène crénelée, donnant naissance au rostre, et enfin le corselet faiblement excavé, assez large, porte de fines lamelles d'accroissement, semblables à celles de la dépression anale.

100. — **Trinacria cuneus**, (Conrad). J'ai recueilli cinq valves entières de cette espèce rare à Claiborne et j'ai pu la comparer à *T. inæquilateralis* de l'Eocène inférieur de Cuise, qui a la même forme, mais qui est encore plus inéquilatéral et plus fortement caréné : l'espèce américaine a le bec postérieur moins aigu, avec un bord supérieur un peu plus dilaté ; en outre sa charnière plus étroite est composée de deux séries de dents mieux séparées.

101. — **Trinacria ledoides**, (Meyer . Ce n'est pas sans peine que je suis parvenu à fixer les limites de cette espèce. fort mal figurée par l'auteur et confondue, à titre de variété, par M. de Gregorio, avec l'espèce suivante, qui est cependant absolument distincte.

Celle-ci est subtrigone, inéquilatérale, rostrée du côté postérieur, arrondie du côté opposé, orné d'un fin treillis de stries d'accroissement et de rayons burinés dans le test ; un angle obtus limite la région anale qui est courte, un peu excavée et à laquelle correspond une troncature très oblique du contour de la valve ; l'impression du muscle postérieur est grande, bien limitée, l'autre est plus arrondie et accompagnée d'une petite costule rayonnante, caractère sur lequel M. Meyer a tout particulièrement insisté et que j'ai constaté sur tous mes échantillons, sans exception. Quoiqu'elle soit rare, cette forme est un peu plus fréquente que l'espèce suivante.

On peut la comparer à *T. media* de l'Eocène parisien, toutefois elle est plus pointue en arrière et plus inéquilatérale ; sa charnière étroite est composée de deux séries d'environ huit dents de chaque côté, qui continuent sans interruption sous le crochet, de sorte que la fossette du ligament est à peine visible. (Voir pl. XXIII, fig. 15-19, Monogr. Alab. de Greg)

102. — Trinacria declivis, (Conrad). Je réserve cette dénomination à la forme qui ressemble le plus à la mauvaise figure qu'en a donnée Conrad, et dont le grossissement très exacte est reproduit (pl. XXI. fig. 23) dans l'ouvrage de M. de Gregorio ; seulement je ne puis admettre qu'elle soit réunie à la précédente, car elle est constamment plus quadrangulaire, plus plate ; sa troncature anale est beaucoup moins oblique, plus haute ; sa charnière est beaucoup plus large, interrompue sous le crochet qui surmonte une fossette ligamentaire parfaitement visible ; l'ornementation des deux espèces est pareille, quoique celle-ci ait souvent des costules plus saillantes du côté antérieure ; mais ses impressions musculaires sont plus grandes, plus profondément gravées, et il n'existe pas de costule interne limitant l'impression antérieure. L'espèce parisienne qui s'en rapproche le plus est *T. mixta*, Meyer, mais la coquille américaine est beaucoup plus haute et moins transverse. J'avais d'abord pensé qu'il faudrait réunir à *T. declivis* la coquille mal définie que Conrad désigne sans le nom *Limopsis decisus*; cependant cette dernière parait plus régulière que l'autre, et j'ai cru devoir l'interpréter d'une autre manière, ainsi qu'on le verra ci-après.

103. — Trinacria decisa, (Conrad). Pl. I, fig. 17-18.

C'est peut être une assimilation hasardée d'appliquer ce nom à la coquille dont j'ai recueilli une valve unique dont la forme est intermédiaire entre la figure de *Limopsis decisus* et de *L. ellipsis*; toutefois ce n'est pas une *Limopsis*, mais une *Trinacria* très aplatie, ovale en avant, obliquement tronquée du côté anal subquadrangulaire par sa forme générale ; sa surface est treillissée de fines costules rayonnantes et de stries d'accroissement ; la charnière large et arquée ressemble beaucoup à celle de *L. declivis*, mais la fossette ligamentaire est bien plus oblique, et tellement étroite qu'on la distingue avec difficulté : au microscope, on aperçoit en outre de fins sillons longitudinaux, parallèles au bord antérieur, au dessus des dents sériales ; les impressions musculaires ne sont pas profondes, mais leur surface lisse et brillante se détache nettement sur l'intérieur terne de la valve. Aucun de ces caractères n'est indiqué sur la figure très inexacte que Conrad a donnée de son espèce.

Loc. Claiborne, ma coll. (pl. I, fig. 17-18).

104. — Limopsis perplana, Conrad. Pl. I, fig. 20-21.

De même que pour l'espèce précédente, j'ai préféré reprendre un nom existant plutôt que d'en créer un nouveau ; ici l'incertitude est encore plus grande, puisque Conrad n'a même pas figuré cette espèce. Je n'en ai recueilli que 10 valves dans 150^k de sable. C'est une coquille arrondie, aussi haute que large, peu convexe, un peu inéquilatérale dont le côté antérieur est plus atténué que le côté postérieur, lequel est plus dilaté, à peine tronqué et faiblement anguleux ; crochets petits, pointus, presque médians ; fossette ligamentaire largement ouverte ; dents sériales à peu près perpendiculaires au bord cardinal, interrompues dans la fossette du ligament, au nombre de 10 à 12 de chaque côté, décroissant graduellement à mesure qu'elles sont plus près du milieu ; impressions musculaires bien gravées, inégales, celle du muscle postérieur est plus triangulaire et plus allongée ; bords des valves non crénelés. Surface extérieure finement ornée de stries d'accroissement, ponctuées par des rayons qui se transforment en costules plus écartées aux extrémités.

Dimensions : Largeur, 10,5 mill. ; hauteur, 10 mill. '

Loc. Claiborne, assez rare, ma coll. (pl. I, fig. 20-21).

105. — Limopsis ellipsis, (Lea). Espèce commune et bien figurée dans l'ouvrage de Lea ; on la reconnait au premier coup d'œil à sa forme transversale et elliptique, à ses crochets inclinés du côté antérieur, à ses bords non crénelés, à ses dents serrées et parallèles, formant deux séries obliques en sens inverse : les dents de la série antérieure se prolongent jusqu'au bord cardinal et sont limitées par une strie transversale juste au dessous du crochet ; celles de la série postérieure n'occupent pas toute la largeur du bord cardinal et elles décroissent graduellement vers le crochets. La surface extérieure est ornée de fines costules rayonnantes, un peu plus écartées aux extrémités. Il résulte de cette diagnose absolument concordante avec celle de Lea, que c'est une espèce bien définie, appartenant d'ailleurs au genre *Limopsis* par sa fossette ligamentaire formant un petit triangle rectangle, très squalène, en arrière du crochet, au dessus de la série postérieure des dents. Je ne comprend donc pas comment M. de Gregorio a pu considérer cette espèce comme douteuse, d'autant moins qu'elle est commune à Claiborne.

106. — Limopsis radiata, Meyer Contrib. to eoc. paleont. of Alab. and Miss. p. 80, pl. III, fig. 17).

Cette petite espèce de Jackson se distingue par sa forme régulière, presque équilatérale, à peine oblique, par ses fortes crénelures palléales, par ses dents peu nombreuses (4 ou 5 dans chaque série), par ses costules rayonnantes et très écartées, dans les intervalles desquelles sont des filets concentriques alternant de grosseur, qui produisent, sur ces côtes, de fines crénelures granuleuses ; l'existence d'une petite fossette étroite et triangulaire sous les crochets, fixe le classement de cette espèce dans le genre *Limopsis*.

107. — Limopsis obliqua, (Lea) (= *Pectunculus aviculoides*, Conrad). L'excellent figure que Lea a donnée de cette espèce, ne laisse aucun doute à l'égard de l'identité de la coquille que Conrad n'a publiée que beaucoup plus tard, en la rapportant, d'ailleurs à tort, à *L. nana* Desh. ; car l'espèce du bassin de Paris est beaucoup plus oblique, plus tronquée et plus anguleuse en arrière, et sa charnière est composée de dents moins nombreuses que celles de *L. obliqua*. Cette coquille, peu rare à Claiborne, est ornée de sillons peu serrés, ponctués par des rayons qui se transforment en costules plus écartées et granuleuses aux extrémités. Les crénelures du bord palléal sont plus saillantes en arrière qu'en avant ; la fossette du ligament est profonde et isocèle. Cette espèce existant aussi dans le gisement de Newton ; M. Meyer m'en a envoyé une valve identique à celles de Claiborne.

108. — Pectunculus Broderipi, Lea. J'ai indiqué ci dessus les motifs pour lesquels il est inadmissible de réunir à cette espèce le *Limopsis obliqua* ; il me reste à comparer l'espèce américaine à *P. pulcinatus*, Lamk., du bassin de Paris, qui a une certaine analogie avec elle. Toutefois les différences sont les suivantes : *P. Broderipi* a la charnière beaucoup plus épaisse, les dents plus grosses, moins nombreuses, plus obliques, des crénelures plus fines et plus nombreuses sur le bord palléal ; enfin son côté postérieur n'est pas obliquement tronqué comme dans l'espèce du calcaire grossier. M. de Gregorio le rapproche de *P. crassus* Phil. ; or la coquille figurée sous ce nom dans l'atlas de Deshayes, est une des nombreuses variétés de *P. obovatus* Lamk. qui est bien plus gonflé encore que *P. Broderipi*, qui a de très larges crénelures sur le bord palléal, une aréa cardinale beaucoup plus haute et des dents presque horizontales. Les autres espèces parisiennes sont ou plus aplaties, ou plus orbiculaires, ou munies d'une charnière plus étroite, leur bord supérieur est moins rectiligne, raccordé par une courbe avec les bords latéraux, au lieu que l'espèce de Lea est anguleuse aux points de jonction de son bord supérieur avec ceux ci.

Il est probable qu'il faut y réunir *P. idoneus*, dont Conrad n'a donné aucune figure.

109. — Pectunculus arctatus, Conrad. M. Meyer m'a envoyé sous ce nom trois valves provenant de l'Eocène de Red Bluff (Miss.) ; C'est une espèce beaucoup plus aplatie que la précédente, un peu oblique, ornée de côtes très saillantes sur la région des crochets, plus larges, bifides et même tripartites à mesure qu'elles approchent du bord palléal ; la charnière est épaisse, composée de dents régulièrement divergentes, et l'aréa ligamentaire est presque nulle, avec deux ou trois sillons à peine visibles ; les crénelures du bord palléal sont étroites, elles disparaissent sur les côtés.

10. — Pectunculus deltoideus, Lea. C'est une des espèces les plus communes de Claiborne ; elle est extrêmement variable et M. de Gregorio y a distingué plusieurs variétés ; je ferai toutefois observer que la var. *ignus* est identique à la figure que Lea donne pour son *P. minor* qui, d'après mon avis, est complètement synonyme de *P. deltoideus*.

111. — Arca rhomboidella, Lea. (= *Cucullæarca cuculloides*, Conrad). Je n'aperçois aucune différence entre les deux espèces que je propose de réunir, et je ne vois, en outre, pas de raison pour en faire le type d'un sous-genre nouveau, car c'est une *Barbatia* bien caractérisée. Enfin, comme Lea avait donné, dès 1833, une très bonne figure de cette espèce tandis que Conrad n'a jamais fait dessiner la sienne, qui a été, pour la première fois reproduite dans l'ouvrage de M. de Gregorio, il n'y a pas de doute sur la priorité de la dénomination de Lea. J'ai une magnifique valve qui dépasse de beaucoup les dimensions qu'on attribuait jusqu'ici à cette coquille, en effet elle mesure 25 mill. de longueur sur 12 mill. de hauteur. On peut la comparer à l'*A. appendiculata*, Sow., qui a aussi les côtes aplaties et bifides ; mais l'espèce américaine est plus oblongue, très anguleuse aux extrémités du bord supérieur qui est absolument rectiligne ; les dernières dents du côté postérieur sont beaucoup plus horizontales que dans les espèces du même groupe que nous possédons dans l'Eocène d'Europe. Elle est très rare et presque toujours brisée ; les jeunes individus ont le bord palléal rectiligne, tandisqu'il devient sinueux, excavé au milieu, dans les échantillons adultes.

112. — Arca mississipiensis, Conr. Je ne possède pas cette espèce qui provient de Vicksbourg et qui n'est probablement pas éocénique ; cependant, dans l'incertitude, je la conserve dans ce Catalogue. M. de Gregorio en donne une très bonne figure et la compare à l'*A. dispar* Desh. ; cette dernière est une *Fossularca* quadrangulaire qui n'a aucune ressemblance avec les *Anomalocardia* ; c'est peut être *A. globulosa*, du groupe *Anadara*, qu'a voulu désigner notre savant confrère, mais l'espèce parisienne a les côtes plus écartées et lisses.

113. — Arca pectuncularis, (Lea) Jolie petite espèce, oblongue et lisse, que l'auteur a classée à tort dans le genre *Nucula* ; elle n'a ni fossette, ni cuilleron sous le crochet et son aréa ligamentaire est tout à fait linéaire. L'unique petite valve que j'ai recueillie me permet d'affirmer que c'est bien une *Arca*.

114. — Arca inornata, Meyer. Petite espèce quadrangulaire qui, autant que je puis en juger par la figure, doit être placée dans notre section *Fossularca*.

115. — Cucullæa transversa, Rogers (= *C. macrodonta*, Whitf?). Bien que la figure n'indique pas à l'intérieur des valves de lame contiguë à l'impression du muscle postérieur, je me semble, par sa forme, par ses dents parallèles au bord supérieur, et par sa convexité régulière, dépourvue de sinuosité, appartenir au genre *Cucullæa* ; je crois que M. de Gregorio a eu raison d'y réunir l'espèce de Whitfield, qui a exactement la même forme et la même charnière ; seulement, l'un des auteurs n'a figuré que la vue intérieure, l'autre la surface externe, de sorte qu'on ne peut être absolument sûr de cette assimilation.

116. — Lithodomus petricoloides, (Lea) (= *L. claibornensis*, Conr. ?) Je n'ai jamais recueilli le moindre fragment de *Lithodomus* dans les sables de Claiborne et je suis, par conséquent, obligé de réserver mon opinion quant à la réunion des deux formes que M. de Gregorio a proposé d'assimiler ensemble.

117. — Hippagus isocardioides, Lea. Le genre *Hippagus* a donné lieu à de nombreuses controverses ; Lea en faisait un membre de sa famille *Cardiacea* y joignait son genre *Myoparo* qui est synonyme de *Crenella*; Stoliczka et Tryon l'ont classé dans les *Ungulinidae* ; M. de Gregorio lui trouve au contraire une ressemblance intime avec le genre *Verticordia* ; enfin Fischer est d'avis que c'est un synonyme de *Crenella*. J'ai examiné avec le plus grand soins les nombreuses valves que je possède d'*H. isocardioides*, c'est une coquille épidermée comme les *Lithodomus* et les *Crenella*, à charnière linéaire munie d'une très faible dent sous le crochet, en arrière de laquelle est une fossette assez longue, sur chaque valve, probablement pour l'insertion du ligament sous le bord cardinal ; les impressions musculaires sont bien gravées, l'antérieure placée plus haut que celle de l'adducteur postérieur, allongée et étroite, tandis que l'autre est circulaire ; la surface porte de fines stries rayonnantes semblables à celle-ci des *Modiola*, mais qui ne sont pas bifurquées et qui produisent de petites crénelures sur le bord palléal ; sous l'épiderme jaunâtre qui porte ces stries, est une couche de nacre brillante tandisque l'intérieur des valves est absolument terne.

Il résulte de cette diagnose que le genre *Hippagus* est intermédiaire entre *Lithodomus* et *Crenella* et qu'il appartient certainement à la famille *Mytilidae*.

118. — Modiolaria alabamiensis, Meyer. J'ai recueilli un seul fragment assez grand du bord palléal de cette rare espèce dont l'auteur n'a figuré qu'un très jeune individu ; d'après ce fragment la coquille qui était ornée, à l'arrière, de côtes non bifurquées, devait atteindre une taille d'environ 20 à 25 millimètres dans le sens de la longueur.

119. — Crenella costata, (Lea). Petite espèce commune dans les sables de Claiborne ; c'est avec juste raison que Fischer a réuni le genre *Myoparo*, Lea, à *Crenella* qui lui est antérieur, car il n'y a aucune différence ; cette espèce est beaucoup moins globuleuse et mieux crénelée que nos espèces parisiennes, elle se rapproche donc mieux qu'elles du type de ce genre.

120. — Avicula claibornensis, Lea (= *A. cardinerassa*, de Greg.) Bien que cette espèce soit toujours brisée, j'ai recueilli une vingtaine de fragments assez complets pour affirmer qu'il n'y a qu'une seule espèce à Claiborne, et que *A. cardinerassa* représente simplement l'âge adulte de *claibornensis*; la charnière s'épaissit et s'élargit à mesure que la valve vieillit, mais on y remarque toujours la fossette oblique dessinée sur la figure de Lea; l'oreillette est mieux limitée sur la valve droite que sur la valve gauche qui porte seulement une dépression assez profonde.

121. — Chlamys Deshayesi, Lea. Espève excessivement rare dont je n'ai pu obtenir que des fragments, dont l'un porte l'oreiellette figurée (fig. 12) par M. de Gregorio; ainsi que l'a fait remarqué notre éminent confrère, Lea a donné un nom différent à chacune des valves de cette espèce et il faut conserver le premier des deux seulement. Il est probable qu'il faut encore réunir à cette espèce *P. perplanus*, Morton, *P. claibornensis*, Conr., *P. scintillatus*, Conr. et peut être aussi *P. Spillmani*, Gabb et *P. membranosus*, Heilp.; mais, à défaut de renseignements sur ces quatre dernières especes, je ne puis rien affirmer, surtout dans l'état défectueux de conservation des valves qu'on trouve à Claiborne.

122. — Pseudamussium calvatum, (Morton). Espèce dont la valve n'a été figurée que du côté de la surface externe qui est lisse, de sorte que l'on ne peut être certain qu'il est dépourvu de côtes internes et que c'est bien un *Pseudamussium*.

123. — Amussium alabamiense, (Aldr.) Par ses côtes internes, cette petite coquille appartient certainement au genre *Amussium*: il serait donc téméraire de la réunir avec l'espèce précédente, qui n'est probablement pas du même genre. Je n'en ai jamais recueilli le moindre fragment dans les sables de Claiborne.

124. — Pallium anatipes, (Morton). C'est une espèce du niveau de Jackson, probablement éocénique, mais incommune à Claiborne; M. de Gregorio la compare avec juste raison à *P. peslutrae* de la Méditerranée.

125. — Janira Poulsoni, (Morton). Quoiqu'elle ait été citée à Claiborne, je n'en ai jamais vu de fragment dans les sables jaunes; le niveau indiqué est « Whitelimestone », un peu différent du « Claibornian », mais cependant éocénique. Il n'en est pas de même de *J. promens*, de Greg., qui est du « Vicksburgian », c'est à dire de l'Oligocène; par conséquent, je ne l'enregistre pas dans ce catalogue.

126. — Spondylus dumosus, M. Meyer m'a envoyé une belle valve entière de cette rare espèce, provenant de l'Eocène de Red Bluff; elle est ornée de huit à douze côtes principales, sur les quelles se dressent des épines tubuleuses assez saillantes, et entre lesquelles sont trois autres costules plus petites, celle du milieu un peu plus forte, armées de crénelures moins saillantes et plus serrées que celles des côtes principales.

Cette espèce est plus haute et moins large que notre *S. radula* du calcaire grossier, sa charnière est plus forte, moins large et plus élevée, enfin ses côtes sont beaucoup moins nombreuses, moins finement granuleuses; elle présente les mêmes différences si on la compare au *S. rarispina*, Desh., qui a en outre le bord palléal finement crénelé, et les oreillettes plus inégales.

127. — Plicatula filamentosa, Conr. (= *Spondylus amussiopse*, de Greg.). En examinant attentivement de jeunes individus de cette espèce caractéristique à Claiborne, j'ai constaté qu'ils portent de petites côtes internes à l'instar des *Amussium*, et que leur surface est finement treillissée; avec l'âge, les côtes internes s'effacent, et il ne reste que les crénelures palléales; en outre la surface dorsale se charge de larges plis rayonnants, séparés par des dépressions un peu plus étroites; de sorte que, si on ne possède pas sous les yeux une série graduelle des tailles de cette *Plicatula*, on pourrait en faire deux espèces. C'est ce qui explique pourquoi M. de Gregorio a attribué le nom *Spondylus amussiopse* à ces jeunes individus, qui ont d'ailleurs bien la charnière des *Plicatula*, bien différente de celle des *Spondylus*: il n'y a donc pas de motif pour conserver *P. amussiopsis*, synonyme *juvenis* de *filamentosa*.

128. — Ostrea alabamiensis, Lea. Grande espèce, en général plus haute que large, qui atteint 9 centimètres de hauteur sur 6 centimètres de longeur; on reconnaît la valve inférieure à son aréa ligamentaire large, peu profonde, à son impression musculaire large, sémilunaire, large, presque aussi haute que large et subcentrale; la valve supérieure, épaisse et plate, porte des crénelures de chaque côté du crochet et sa surface extérieure, outre des lamelles irrégulières, porte, comme *O. cucullaris* du bassin de Paris, de fines stries rayonnantes, divergeant dans tous les sens. En bonne règle on devrait conserver pour cette espèce le nom *semilunata*, qui est synonyme, mais qui correspond à un individu dont Lea a figuré les deux valves, tandis que la valve supérieure d'*alabamiensis* a seule été reproduite par cet auteur. Je considère encore comme identiques à cette espèce les valves nommées *linguaranis* et *pincema* par Lea; mais je m'arrête là dans ces réunions d'espèces, attendu que les formes suivantes s'en distinguent par des caractères absolument certains.

129. — Ostrea selleformis, Conrad. Si cette espèce pouvait être confondue avec une autre *Ostrea* de Claiborne, ce serait plutôt avec la précédente qu'avec *O. divaricata*, Lea, qui n'appartient pas au même groupe; toutefois elle se distingue d'*O. alabamiensis*, par sa valve inférieure plus profonde, dont le crochet est plus aigu, plus contournée latéralement (j'en possède une qui est tout à fait exogyroïde), dont la fossette ligamentaire est beaucoup plus étroite et plus profonde, limitée par deux angles nets; par son impression musculaire en forme de haricot, oblongue transversalement et peu élevée, située plus près du bord; enfin par sa valve supérieure ornée de lamelles plus régulières, dénuée de crénelures près des crochets. Conrad indique l'existence de stries rayonnantes et écartées sur la valve inférieure, mais je n'ai pu observer ce caractère sur les trois valves inférieures que je possède; l'une d'elles est munie des expansions aliformes latérales qui la caractérisent, la diagnose de l'auteur; c'est probablement à cette espèce qu'il faut rapporter *Ostrea Johnsonis*, Aldr. et *O. Tuomeyi*, Conrad.

130. — Ostrea georgiana, Conrad. Je possède deux fragments de charnière d'une *Ostrea* qui devait être très volumineuse, attendu que la fossette du ligament mesure, à elle seule 5 cent. de longueur, 35 millim. de hauteur et 15 millim. d'épaisseur; on ne peut évidemment rapporter ces échantillons à aucune des deux espèces précédentes, et comme Heilprin compare *Ostrea georgiana*, qui n'a jamais été figurée, à *O. crassissima*, Lamk., je pense que c'est bien cette forme qu'a voulu désigner Conrad. L'aréa ligamentaire occupe presque toute la largeur de la région cardinale, et elle est creusée en forme de bateau arrondi.

131. — Ostrea divaricata, Lea. Cette espèce est du même groupe que *O. flabellula* 'et se distingue par les côtes rayonnantes, plusieurs fois bifurquées, de sa valve inférieure : elle est beaucoup plus rare encore que *O. sellaeformis*. Il y a lieu d'y réunir *O. falciformis*, Conr.

132. Ostrea compressirostra, Say. Il n'est pas bien certain que cette espèce, qui est du groupe d'*O. lamellosa*, soit réellement éocénique : en tous cas, je n'en ai jamais trouvé le moindre fragment dans les sables de Claiborne.

133. Ostrea thirsæ, Gabb. Même observation que pour l'espèce précédente, à cette différence près que celle ci est du groupe d'*O. cochlear*.

134. — Anomia ephippiodes, Gabb. N'ayant jamais trouvé d'*Anomia* dans les sables de Claiborne, je n'ai pu vérifier si la coquille dont les impressions musculaires sont indistinctes, d'après la diagnose de l'ouvrage de M. de Gregorio, est bien de ce genre : mais il me paraît douteux que le moule interne, dénommé *A. lisbonensis* par Aldrich, soit une *Anomia* ; on dirait plutôt, d'après l'apparence, une *Lucina* bivalve.

SCAPHOPODES.

135. — Dentalium thalloides, Conrad. Non seulement le nom de Conrad est antérieur à celui de Lea *alternatum*), mais Lea lui même, dans ses listes postérieures, n'a plus repris la dénomination qu'il avait proposée pour cette espèce et l'a désignée sous le nom *thalloides*. Les fragments en sont communs à Claiborne , mais il est rare de trouver des individus bien entiers, munis de leur pointe ; on constate alors qu'il n'y a aucune trace de fissure au sommet et que c'est bien un *Dentalium* (sensu stricto).

136. — Dentalium blandum, de Greg. Cette espèce se distingue assez facilement de la précédente, surtout les jeunes individus qui sont ornés de côtes plus serrées, moins prominentes, égales entre elles ; entre ces deux formes il y a des intermédiaires pour lesquels on peut admettre la var été *asgum*, de Greg., mais avec l'embarras de savoir à la quelle des deux espèces il y a lieu de la rattacher. Cependant, après un examen approfondi, je suis incliné plutôt à réunir *D. asgum* à *D. thalloides*, à cause de l'existence de costules intermédiaires entre les côtes principales ; quant à la forme *tirpum*, c'est tout simplement une monstruosité, l'individu figuré a le sommet lisse, comme cela se produit quelquefois dans le genre *Dentalium*. Enfin *D. bimixtum* me paraît être une variété de *D. blandum*, dans laquelle les côtes cessent subitement, au lieu de s'atténuer graduellement jusqu'à l'ouverture. Cette espèce n'atteint jamais une aussi grand taille que *D. thalloides*: même les pointes les plus effilées ne présentent aucune trace de fissure : elle est donc du même groupe *Dentalium* (sensu stricto).

137. Dentalium minutistriatum, Gabb ? Pl. I, fig. 22.
Ce n'est pas sans hésitation que je rapporte à l'espèce de Gabb, qui m'est inconnue, un petit fragment de *Dentalium*, trouvé dans les sables de Claiborne, et qui se distingue de *D. blandum* par sa forme plus cylindrique, beaucoup plus étroite, à peine courbée, par ses filets longitudinax à peine visibles et très serrés. Le sommet faisant défaut, je ne puis m'assurer s'il existe une fissure et si, par conséquent, cette espèce est un vrai *Dentalium* ou un *Entalis*.

138. — Dentalium turritum, Lea. Espèce lisse et un peu courbée, d'un diamètre de 3 mill. à l'ouverture, appartient probablement au sous genre *Fustiaria*, quoique je n'aie pas pu trouver un seul individu muni de sa fissure apicale, qui me permettre d'être plus affirmatif ; elle me paraît plus courbée et plus trapue que notre *D. fissura*, et surtout que *D. lucidum* de l'Eocène de Cuise. Je pense, comme M. de Gregorio, qu'il faut réunir à cette espèce *D. Leai*, Meyer.

139. — Dentalium annulatum, Meyer. Je n'ai jamais recueilli d'individu muni de stries annulaires, dans mes sables de Claiborne ; quelques échantillons de l'espèce suivante ont quelquefois des stries d'accroissement plus visibles, et il est bien possible que Meyer ait attaché à ce caractère plus d'importance qu'il ne convient ; en tous cas la figure qu'il en donne représente un tube irrégulièrement strié, terne comme une *Serpula*, simple, tandis que les *Fustiaria* ont des anneaux plus ou moins larges, mais régulièrement separés par des sillons profonds, tel par exemple *D. circinatum*, Sow. Ma conviction est donc que cette espèce ne devrait pas être conservée.

140. — Dentalium Danai, Meyer. Il est inadmissible que l'on confonde cette espèce avec *D. turritum* : elle est presque droite, sans aucune courbure, beaucoup plus étroite; il est probable que le sommet est dépourvu de fissure, de sorte qu'elle appartiendrait à un autre sous genre, *Laevidentalium*, nobis, de même que *D. acicula*, Desh., avec lequel elle a beaucoup de ressemblance. D'ailleurs, ainsi que le remarque M. de Gregorio, l'existence d'un tube additionnel n'est pas un caractère spécifique. Le type de cette espèce est de Jackson (Miss.) ; mais les fragments n'en sont pas rares à Claiborne.

141. — Dentalium subcompressum. Meyer. Espèce du même groupe *D. triquetra*. Br., mais moins fortement comprimée. M. Meyer m'en a envoyé trois fragments, de l'Eocène de Red Bluff.

142. Dentalium ? gnizum, de Greg. Je doute que cette espèce soit bien à sa place dans le genre *Dentalium* : L'auteur la compare à *D. turritum* et l'en distingue par son épaisseur plus grande et sa pointe plus aiguë ; d'après la figure c'est à peine si elle parait perforée du côté de l'ouverture; mais il est possible que ce soit une faute du dessinateur. Quant à *D. bitubatum*, Meyer, de l'Eocène de Jackson, *D. microstria*, Heilpr., de Woods Bluff, ce sont des formes douteuses sur lesquelles je ne puis me prononcer, faute de renseignements suffisants.

143. — Pulsellum vicksburgense, (Meyer). L'auteur m'ayant envoyé un individu de cette espèce, provenant de l'Eocène de Red Bluff, j'ai pu constater que cette petite coquille lisse, arquée en arrière, presque droite en avant, a bien la forme de *Pulsellum* et ne peut se confondre avec de jeunes individus de *D. turritum*, ni surtout avec *D. Danai*, d'après la figure, la section de l'ouverture serait un peu ovale, mais celle de l'individu que j'ai sous les yeux, est presque circulaire.

144. — Siphonodentalium jacksonense, (Meyer). J'ai recueilli, dans les sables de Claiborne, deux exemplaires de cette espèce, que M. Meyer n'avait citée qu'à Jackson ; malheureusement le sommet n'en est pas entier et je n'ai pu y constater l'existence des lobes que représente la figure 8 de la pl. III, dans la note de cet auteur (Contrib. 1886, ; p. 651). Il est probable qu'il faut rapporter à la même espèce *Cadulus quadriturritus*, Meyer.

145. — Gadus juvenis, Meyer. Aucun des deux individus de l'Eocène de Jackson, que m'a envoyés M. Meyer, ne porte au sommet d'incisions ni de lobes ; l'extrémité parait tronquée, de sorte que c'est bien un *Gadus*. (Contrib. 1886, p. 66, pl. III. fig. 4).

146. — Gadus turgidus, Meyer (= *G. corpulentus*, Meyer, Contrib. 1886, p. 66, pl. III, fig. 5).

Beaucoup plus ventrue et plus courte que la précédente, elle parait également tronquée à son extrémité postérieure, d'après la figure, *G. corpulentus* se distinguerait de *G. turgidus* par son contour ventral, dont le profil est plus droit non renflé au milieu; mais cette différence n'est pas aussi nette sur les trois individus de Red Bluff que m'a envoyés M. Meyer, de sorte que je me demande s'il y a lieu de séparer deux formes si voisines.

GASTROPODES.

147. — Chiton eocænensis, Conr. (= *C. antiquus*, Conr.) Espèce qui n'est pas très rare à Claiborne, puisque j'ai pu en recueillir environ 75 valves dans 150ᵏ de sable ; il ne me parait pas possible d'y distinguer deux espèces différentes, je crois que Conrad a été induit en erreur par l'état de conservation de la surface : des deux noms qu'il a proposés, il y a lieu de ne conserver que celui qui s'applique à la première de ses deux descriptions le 1865 (fig. 6), c'est à dire *C. eocænensis*. La valve postérieure forme un écusson demi circulaire, orné de quinze sillons rayonnants, entre lesquels s'intercalent, vers les bords, d'autres sillons secondaires ; les uns et les autres sont assez régulièrement ponctués, mais quand la surface est moins fraiche, les ponctuations seules subsistent et la valve prend alors l'apparence reproduite sur la figure de *C. antiquus* ; sur les flancs sont, de part et d'autre de la pointe du sommet, des stries verticales qui forment le prolongement des rangées de ponctuations de la région inférieure et qui s'effacent sur la région subanale, laquelle est à peu près lisse ; les deux lames d'insertion sont assez saillantes, lisses et faiblement festonnées à leur extrémité. Valves médianes formant un secteur beaucoup plus oblong transversalement, ornées de nombreux sillons rayonnants et ponctués, bifides vers les bords ; les ponctuations sont réunies par de petites stries qui découpent les intervalles plats des sillons rayonnants. Lorsque l'épiderme est enlevé, il ne reste que quelques costules écartées et c'est à une de ces valves que M. de Gregorio a appliqué le nom *C. postremus*, qui ne peut être évidemment admis, puisque c'est une simple mutilation du type ; j'ai pu le constater sur les individus encore munis de la moitié de leur épiderme, dénudés sur l'autre moitié.

148. — Fissurella claibornensis, Lea. La figure de l'ouvrage de Lea ne ressemble pas du tout à celle de *F. tenebrosa* Conrad : il est évident que chacun des auteurs a voulu désigner une espèce différente, et comme il en existe deux, en réalité, à Claiborne, ainsi que j'ai pu le constater d'après les échantillons que j'ai recueillis dans le sable de ce gisement, j'en conclus qu'il faut séparer *F. claibornensis* ; c'est une espèce médiocrement élevée, assez déprimée sur les bords, surtout quand elle atteint la taille adulte (j'ai un fragment qui mesure 12 mill. largeur transversale); son ornementation se compose de 20 côtes principales, entre les quelles sont intercalées 20 autres costules un peu moins saillantes, qui n'atteignent pas le sommet ; les unes et les autres sont élégamment treillissées par des costules à peu près de même grosseur, qui y découpent de grosses granulations. La perforation apicale est étroite et allongée: les bords sont découpés par de fortes crénelures bifides.

149. — Fissurella tenebrosa, Conrad. Aussi rare que l'espèce précédente, elle est plus conique et s'en distingue principalement par son ornementation plus fine, composée d'un très grand nombre de costules alternées, très serrées, simplement séparées par une strie, sans aucun intervalle, et treillissées par des filets non moins rapprochées, plutôt ondulés que granuleux. Il n'est pas possible de la confondre avec l'autre espèce, on l'en sépare aisément au premier coup d'œil. Sa perforation est également étroite et allongée ; elle se termine comme le fer d'une flèche en échancrant le sommet et elle porte deux rétrécissements médians.

150. — Fissurella altior, Meyer et Aldr. Je ne possède pas d'individu de cette espèce qui n'est d'ailleurs signalée qu'à Wantubbee et à Newton, mais pas à Claiborne ; elle parait se distinguer des deux précédentes par sa perforation plus petite et plus courte, de *F. claibornensis* par sa forme plus élevée, de *F. tenebrosa* par son ornementation moins fine et par ses côtes plus écartées. Elle ressemble au *jacksonensis*, Meyer, mais je ne suis pas sûr que celle ci soit éocénique.

151. — Emarginula arata, Conrad. Je n'ai jamais recueilli le moindre fragment de cette intéressante espèce, qui parait caractérisée par sa forme ovale, plus rétrécie à l'extrémité du côté de la fissure.

152. — Cyclostrema nitens. (Lea). Je ne puis qu'enregistrer cette espèce microscopique , dont je n'ai pas trouvé d'exemplaire : elle a assez bien l'aspect de *Daronia spirula*, qui est le type d'une section du genre *Cyclostrema*, caractérisée par une forme planorbulaire, à spire concave, par des tours lisses arrondis, juxtaposés dans leur enroulement.

153. — Tinostoma nanum, (Lea). (= *Tinostoma subrotunda*, Meyer. Contrib. p. 66, pl. II, fig. 26).

Quoique cette espèce n'ait pas été très exactement figuré par Lea, je n'hésite pas y à réunir *T. subrotunda*, Meyer, qui parait identique : l'unique petit échantillon, que j'ai recueilli dans le sable de Claiborne ; se rapporte bien aux deux diagnoses de Lea et de Meyer. Cette coquille est bien un *Tinostoma* et non pas un *Umbonium*, comme le croit à tort M. de Gregorio : il suffit en effet d'examiner l'ouverture parfaitement circulaire, pour s'assurer qu'elle ne présente pas contre la columelle la gorge caractéristique produite par la jonction de la callosité basale avec le bord supérieur, dans le genre *Umbonium*.

154. — Tinostoma angulare, Meyer (an *T, Verrilli* ? Meyer, Contrib. p. 66, pl. II, fig. 27)

Espèce caractérisée par la périphérie anguleuse de son dernier tour ; je n'en ai jamais eu d'exemplaires, de sorte que je ne suis pas certain qu'il faille y réunir *T. Verrilli*, dont la figure est bien semblable.

155. — Gibbula micromphalus, *nor. sp.* Pl. I, fig. 24-25.

Testa minuta, spira depressa ; anfractibus 4, sutura, profunda ac lineari discretis, striis obliquis divaricatis, cum striis incrementi elegantiter clathratis, ornatis ; ultimo anfractu ad peripheriam rotundato, basi mediocriter convexa, concentrice ac obsolete lirata ; umbilicus parvus ex quo surgit funiculus callosus, ad aperturam dilatatus (?).

Petite coquille a spire déprimée, non saillante, composée de quatre tours, croissant, régulièrement , séparés par une suture linéaire mais profonde ; ornementation formée de stries obliques , divariquées , croisant presque à angle droit les stries d'accroissement qui sont elles mêmes très inclinées ; dernier tour grand, peu élevé, arrondi à la périphérie de la base qui est médiocrement convexe, perforée, d'un ombilic étroit, d'où sort un funicule calleux : l'ouverture etant brisée sur mon unique exemplaire, je ne puis que supposer, sans l'avoir vérifié, que ce funicule s'étale comme dans les *Monilea*, et aboutit à l'extrémité antérieure de la columelle.

Cette petite coquille s'écarte tellement des autres petites espèces turbiniformes de Claiborne, que je n'hésite pas à la décrire, surtout à cause de son ornementation qui rappelle celle de *G. mitis* et *mirabilis*, du bassin de Paris ; mais elle a la spire beaucoup moins allongé que ces deux espèces, et presque aplatie au sommet.

Loc. Claiborne, ma coll. (pl. I, fig. 24-25).

156 — Tiburnus naticoïdes, (Lea). Petite espèce assez globuleuse et lisse, qui n'est pas très rare à Claiborne, et qui est caractérisée par l'épaississement calleux de son bord columellaire. Nous avons proposé, en 1888, c'est à dire avant M. De Gregorio, le genre *Platychilus* pour les coquilles qui appartiennent à ce groupe, non représenté dans les mers actuelles ; et dont le type est *P. labiosus* ; malheureusement le nom *Platychilus* ne peut être conservé, parce qu'il a déjà été employé, en 1874, par Yakoblev ; pour corriger ce double emploi, MM. Harris et Burrows ont proposé, en 1891, la dénomination *Simochilus* ; mais celle ci est postérieure à *Tiburnus* (1890) de sorte qu'il faut évidemment reprendre le nom créé par M. de Gregorio. L'espèce américaine diffère d'ailleurs de notre *T. labiosus* par sa forme plus globuleuse et par son dernier tour plus grand.

157. — Tiburnus nitens, (Lea). (= T. *planulatus*, H. Lea). Cette espèce, plus rare que la précédente, s'en distingue assez facilement par la forme plus déprimée subanguleuse à la périphérie de la base, et par son ombilic un peu moins large ; mais elle a la même ouverture évasée, la même callosité columellaire. L'un de mes échantillons atteint le diamètre de 8 mill. On ne peut donc alléguer que c'est le jeune âge de *T. naticoïdes*.

158. — Solariella tricostata, (Conrad). Cette jolie coquille, qui n'est pas excessivement rare à Claiborne , a tout à fait l'aspect des formes vivantes *S. regalis* et *scabriuscula*, à spire assez élevée, à ombilic étroit, à base orné de cordonnets granuleux ; la nacre bien apparente à l'intérieur de l'ouverture arrondie, ne permet pas de laisser cette espèce dans le genre *Solarium*. D'ailleurs, il y a lieu de rétablir le nom *tricostatum*, attendu que *G. granulatum*, Lea fait double emploi avec une espèce déjà décrite par Lamarck, et que *pseudogranulatum* d'Orb. est bien postérieure à la dénomination proposée en 1833, presque en même temps que Lea, par Conrad ; quant à conserver *granulata*, en faisant passer l'espèce dans le genre *Delphinula* comme l'a fait M. de Gregorio, ce ne serait pas conforme aux régles de la correcte nomenclature, qui exige qu'on rectifie une double emploi, même quand il est commis dans un genre où ne doit pas rester l'espèce.

159. — Solariella cancellata, (Conr.) Un peu plus rare que la précédente, cette jolie coquille a reçu le même nom de Lea et de Conrad, mais ce dernier parait avoir la priorité ; tous deux l'ont classée dans le genre *Solarium*, quoiqu'elle soit nacrée ; c'est probablement à la même espèce que se rapporte *Trochus alabamiensis*, Aldrich, quoiqu'il n'ait pas songé à la comparer à l'autre, et qu'il l'ait classée dans le genre *Margarita*, je la crois mieux à sa place dans les *Solariella* ; elle se distingue facilement de S. *tricostata* par son ombilic beaucoup plus ouvert, par sa spire moins élevée. par son ornementation composée de filets spiraux plus nombreux, non granuleux, et de filets obliques moins serrés, plus saillants ; en outre la base est moins aplatie, au lieu de 3 cordons granuleux, elle porte six filets concentriques ; enfin la carène ombilicale est bien plus finement crénelée. De même que l'autre espèce, celle-ci a le sommet embryonaire de la spire tout à fait aplati.

160. — Solariella elegans, (Lea). La figure qu'a donnée Lea se rapproche beaucoup plus de la forme typique de cette espèce peu rare, que celle de l'ouvrage de Conrad ; aussi, dans l'incertitude sur la priorité de dénomination, il me semble qu'il est préférable de reprendre *Solarium elegans*, plutôt que *stalagmium* . Conr. C'est d'ailleurs bien une *Solariella*, à cause de la nacre bien visible à l'intérieur de l'ouverture ; mais on la distingue facilement de la précédent par sa spire bien moins élevée, largement canaliculée, surtout par son ornementation qui porte seulement un rang de granulations sur l'angle des tours; la base est à demi lisse, et ce n'est qu'autour de l'ombilic que l'on aperçoit trois ou qua tre filets concentriques, plissés par des sillons rayonnants qui produisent d'assez fortes crénelures sur l'angle circa-ombilical ; l'ombilic est largement ouvert, à parois verticales, élégamment treillissées. Il y a lieu de réunir à cette espéce *Solarium perinum*, de Greg. , dont la diagnose et la figure correspondent exactement à la coquille que Lea a voulu désigner sous le nom *S. elegans*; M. de Gregorio la compare , avec juste raison , à *S. gratum* du bassin de Paris , qui est aussi du même groupe, pour lequel j'ai proposé le nom *Periaulax* , et que j'ai classé dans les *Trochidae*, genre *Margarita*; actuellement, je pense que ce sous genre a plus d'affinités avec certaines formes vivantes de *Solariella*.

161. — Solariella fungina ? (Conrad). Pl. I. fig. 26.

Ce n'est pas sens hésitation que je rapporte à l'espèce assez douteuse de Conrad, une jolie coquille dont la vue en plan ressemble assez exactement à la figure de *Solarium funginum*; malheureusement Conrad n'en a pas figuré la vue en élévation, de sorte qu'il y a un peu d'incertitude. C'est une coquille trochoïde, à spire étagée, composée de six tours nacrés sous l'épiderme, partagés en deux par un angle médian qui porte de fines crénelures, surtout dans les premiers tours, car elles disparaissent totalement sur le dernier; la région inférieure forme une rampe aplatie, avec un fin cordonnet circonscrivant la gouttière suturale, les deux régions sont ornées de plis d'accroissement à pe'ne visibles, très serrés, obliques, qui produisent des crénelures obsolètes sur le cordonnet et sur l'angle médian ; le dernier tour est fortement caréné à la circonférence de la base, qui est un peu convexe, cerclée par quatre cordonnets concentriques décroissant de la carène périphérique à la carène circa-ombilicale; ombilic largement ouvert en entonnoir, limité par un cordon saillant et finement crénelé, et portant beaucoup plus bas, sur sa paroi oblique , trois cordonnets rapprochés, rendus granuleux par l'intersection des plis d'accroissement. Ouverture ronde , à péristome continu , dans un plan très incliné sur l'axe vertical, fortement nacrée à l'intérieur.

Diamètre, 4 mill.; hauteur, 3 mill.

Loc. Claiborne, un seul individu, ma coll. (pl. I fig. 26).

162. — Collonia depressa, (Lea). Espèce rare et surtout rarement bien conservée , car sur les neuf individus que j'ai recueillis il n'y en a guère qu'un seul qui ait l'ouverture à peu prés entière, et qui me permette d'affirmer que cette coquille doit être classée dans le genre *Collonia*, section *Leucochynchia*, auprès de *C. callifera*, Lamk. Elle s'en distingue par les stries ponctuées qui ornent toute sa surface, non seulement la spire aplatie, mais encore la base un peu convexe, creusée au centre par un petit ombilic étroit ; ces stries basales s'arrêtent subitement autour d'une région circa-ombilicale lisse et calleuse, sur laquelle vient s'étaler largement un épaississement détaché du bord columellaire: ouverture arrondie, faiblement nacrée à l'intérieur. Les tours de spire croissent rapidement et les sutures sont accompagnées d'un petit bourrelet un peu saillant.

Loc. Claiborne, (pl. II fig. 27) ma coll.

163. — Collonia lineata, (Lea). Cette coquille est aussi rare que la précédente : je n'en ai que sept individus, presque tous bien conservés, mais sur lesquels je n'aperçois pas de bourrelet variqueux au labre, de sorte que je ne suis pas sûr qu'elle appartienne au groupe *Cirsochilus*, quoiqu'elle en ait l'aspect extérieur. La spire est assez saillante, turbinée, composée de cinq tours convexes, régulièrement arrondis, ornés de six ou sept cordons spiraux équidistants; celui du bas limite une rampe suturale étroite et très finement striée. Dernier tour grand, arrondi à la base sur laquelle les sillons sont beaucoup plus obsolètes; ombilic médiocre , un peu plissé à son pourtour , rétréci par un épaississement columellaire, auquel vient aboutir un funicule ou plutôt un limbe ombilical assez aplati; ouverture ronde, entière, un peu nacrée.

Loc. Claiborne, (pl. II fig. 25-26) ma coll.

164. — Collonia concionaria ? (de Greg.) Pl. I fig. 23.

Je ne suis pas certains que le petit individu à peu près entier que j'ai recueilli correspond bien à la description sommaire du fragment à peu près indéterminable que M. de Gregorio a décrit sous ce nom; pourtant, comme il lui ressemble par la forme générale , j'ai préféré risquer cette assimilation , plutôt que de créer un nom nouveau. C'est une petite coquille épaisse et globuleuse, dont l'ombilic, peut être apparent quand elle est mutilée, est caché, quand elle est adulte, par une large callosité columellaire. La surface très usée montre cependant quelques fines stries spirales sur les tours qui sont faiblement convexes, subulés , séparés par une suture peu profonde; le dernier tour est grand , bien arrondi à la circonférence de la base, qui est convexe, ornée de cordonnets plus visibles, ouverture ronde, à péristome assez épais. On ne peut confondre cette espèce avec la précédente qui est ombiliquée, et dont la suture est accompagnée d'une petite rampe , tandis qu'il n'y a d'ombilic, ni de rampe sur *C. concionaria*, dont l'ornementation est d'ailleurs plus effacée.

Loc. Claiborne, ma coll. (pl. I fig. 23).

165. — Pyramidella suprapulchra , de Greg. C'est la seule véritable *Pyramidella* que nous ayons à citer; malheureusement l'auteur n'est pas sûr qu'elle soit éocénique, quant à moi je n'en ai jamais trouvée le moindre fragment dans les sables de Claiborne.

166. — Syrnola elevata, (Lea). Coquille qui appartient au même groupe que *S. clandestina* et *emarginata* de l'Eocène parisien, c'est-à-dire à la section *Diptychus*, caractérisée par un pli columellaire tranchant et saillant, à la partie inférieure, et par un second pli antérieur très effacé qui forme un simple renflement sur la callosité antérieure de la columelle; ces caractères sont bien visibles sur les individus de Claiborne qui ont, pour la plupart, l'ouverture mutilée: d'ailleurs Lea fait mention de ce second pli dans sa diagnose. L'espèce américaine se distingue des nôtres par sa forme plus trapue et par le sillon antérieur qui limite, sur chaque tour de spire, le canal de la suture. Comme le fait remarquer M. de Gregorio, *Actaeon magnoplicatus*, H. Lea n'est qu'un échantillon mutilé de la même espèce, dont l'ouverture brisée ne laisse apercevoir que le large pli inférieur.

167. — Syrnola Dalli, nov. sp. Pl. I fig. 28.

Testa angusta, multispirata, lœvigata, anfractibus parum elevatis, sutura profunda discretis; ultimo ad basim valde rotundato; apertura parva; columella biplicata.

Petite coquille étroite, allongée, composée d'un grand nombre de tours étroits et lisses, que séparent des sutures profondément gravées, mais non canaliculées ; le dernier n'est pas grand, il est arrondi et très convexe à la base, sans aucune trace d'ombilic; ouverture petite, rhomboïdale, columelle armée de deux plis presque égaux, un peu obliques et saillants.

Longueur probable, 10 mill.; diamètre, 2 mill.

Il n'est pas possible de confondre cette espèce avec la précédente, parce qu'elle est beaucoup plus étroite et que ses sutures ne sont pas canaliculées; ce dernier caractère la distingue de S. clandestina, Desh. qui a la même forme, mais dont les tours sont plus aplatis. Aucun de mes cinq individus ne possède le sommet entier.

Loc. Claiborne, ma coll. (pl. I. fig. 28).

168. — Syrnola peraxilis, (Conrad). C'est la moins rare des *Syrnola* de Claiborne: j'en ai recueilli 12 individus, aucun n'est entier, mais ils présentent tous les mêmes caractères et se rapportent bien à la figure de Conrad ; cette espèce appartient au groupe *Syrnola (sensu stricto)*, caractérisé par un seul pli columellaire ; elle ressemble à S. *nitida* de l'Eocène inférieur des environs de Paris, mais elle es plus étroite et plus cylindrique; elle a, comme l'espèce parisienne, les sutures finement canaliculées, mais ses tours ne sont pas imbriqués; le dernier est assez grand, comme l'indique exactement la figure de Conrad, la périphérie de sa base est arquée, moins arrondie que dans S. *Dalli*, sans être cependant subanguleuse. L'ouverture est ovale en avant, rétrécie et anguleuse en arrière.

169. Syrnola Meyeri, *nov. sp.* Pl. I fig. 27.

Testa minuta, perangusta, polygyrata, lævigata; apice heterostropho; anfractibus 10, subulatis, planis sutura lineari et profunda discretis; ultimo ad peripheriam obsolete subanguloso; apertura minima; columella recta, valde uniplicata.

Petite coquille, très étroite, composée d'un grand nombre (10) de tours lisses, subulés, plans, séparés par une suture linéaire et profonde; le sommet hétérostrophe forme une petite crosse globuleuse, obliquement déviée par rapport à l'axe de la coquille. Dernier tour peu élevé, faiblement anguleux à la circonférence de la base qui est dénuée d'ombilic; ouverture très petite, arrondie, columelle portant un fort pli peu oblique.

Longueur, 5 mill.; diamètre 0, 75 mill.

Beaucoup plus étroite que la précédente, elle ressemble à S. *polygyrata*, Desh., quoiqu'elle ait les tours moins convexes ; les six individus que j'en possède m'ont été envoyés sous le nom *Pyramidella larvata*, par M. Meyer il est bien évident qu'on ne peut les rapporter à l'espèce de Conrad, et que c'est une forme distincte de toutes celles qu'on a décrites de l'Eocène d'Amérique.

Loc. Jackson (Miss), ma coll. (pl. I fig. 27).

170. — Syrnola propeacicula, *nov. sp.* Pl. I fig. 29.

Testa minuta, angusta, conica, lævigata; apice heterostropho; anfractibus 7 planis , rapide crescentibus , sutura obliqua , lineari discretis; ultimo anfractu elevato , tertiam partem longitudinis superante , ab basim ovoideo ; apertura angusta, antice attenuata, plica columellari crassa et prominula.

Petite coquille étroite et conique, médiocrement allongée composée, outre l'embryon hétérostrophe, de sept tours lisses assez élevés, croissant rapidement, séparés par des sutures obliques et linéaires. Dernier tour grand, ovale à la base, dépassant le tiers de la hauteur de la coquille, quand on le mesure de face jusqu'à la suture inférieure; ouverture petite, étroite, atténuée du côté antérieur; columelle portant un gros pli saillant et transversal.

Longueur, 4 mill.: diamètre, 1 mill.

Cette espèce est extrêmement voisine de S. *acicula*, Lamk et ne s'en distingue que par sa forme un peu moins subulée, et par l'absence de stries spirales sur les tours de spire. Elle ne peut être confondue avec aucune des espèces précédentes et elle doit être extrêmement rare, car je n'en ai trouvé qu'un seul individu dans 150k de sable.

Loc. Claiborne, ma coll. (pl. I fig. 29.)

171. — Syrnola (Orina) **striata,** (Lea). C'est une véritable restauration que j'ai dû faire pour attribuer ce nom spécifique aux quatre individus que je possède : ils sont en effet ombiliqués et appartiennent certainement au groupe Orina , Ad. ; mais, comme Lea n'en connaissait qu'un fragment décrit à cause des stries caractéristiques, il est probable qu'il n'aura pas aperçu la perforation ombilicale. C'est une coquille à sommet hétérostrophe, assez courte, conique, composée d'environ six tours à peine convexes, que sépare une suture étroitement canaliculée ; leur surface paraît lisse, et les stries ne commencent à apparaître qu'à la partie antérieure du dernier tour ; elles sont beaucoup plus visibles sur la base et autour de l'ombilic, qui est perforé en entonnoir étroit, et un peu rétréci 'par la lame columellaire ; celle-ci est armée d'un pli assez bas, au dessus duquel est un renflement obsolète et pliciforme. Il m'a paru intéressant de donner une nouvelle figure de cette rare espèce.

Loc. Claiborne, ma coll. (pl. I, fig. 30-31).

172. — Odontostomia melanella, (Lea). Belle espèce trapue et conique, qui atteint une taille exceptionnelle pour ce genre ; mon plus gros échantillon mesure en effet 12 mill. de hauteur sur 6 mill. de diamètre à la base, le dernier tour occupe, à lui seul, les deux tiers de la longueur totale, si on la mesure de face. L'ouverture grande et sémilunaire porte, à l'intérieur du labre, un certain nombre de plis obsolètes, dont l'existence a échappé à Lea ; le pli columellaire est très saillant, placé au milieu de la hauteur libre de la columelle.

Loc. Claiborne, ma coll. (pl. II, fig. 4).

173. — Odontostomia pygmæa, (Lea) Si l'on se reporte à la diagnose, plutôt qu'aux figures de Lea, on reconnaît cette espèce à sa forme plus étroite que la précédente, moins arrondie à la base, plus conique et plus subulée ; ses tours sont plans et ornés de très fines stries spirales ; un bourrelet obsolète circonscrit la région ombilicale qui est imperforée ; enfin le labre est muni de plis palataux moins nombreux, plus écartés et plus saillants que ceux d'O. *melanella*. Lea n'en connaissait que de très petits exemplaires, mais mon plus grand individu mesure 7 mill. de longueur, sur 2 mill. de diamètre à la base, et j'ai même un fragment qui atteint une largeur de 3 mill.

Loc. Claiborne, ma coll. (pl. II, fig. 5).

24

174. — Odontostomia lævis, (H. Lea). Autant que je puis en juger par la reproduction de la figure originale, cette petite coquille est beaucoup plus allongée et a le dernier tour bien plus court que les deux précédentes : elle paraît dépourvue de plis palataux à l'intérieur du labre : je possède trois individus malheureusement incomplets, qui répondent assez bien à la figure de H. Lea; l'espèce du bassin de Paris dont ils se rapprochent le plus, est *O. intermedia* Desh.

175. — Odontostomia Bœttgeri, Meyer. Je ne suis pas d'avis de réunir cette espèce à la précédente, comme le propose M. de Gregorio : l'individu de Claiborne que je possède et qui est orné de plis palataux à l'intérieur du labre, se distingue en outre par son pli columellaire plus saillant, par le petit bourrelet sutural que reproduit fidèlement la figure donnée par Meyer ; enfin sa base est plus arrondie et la région ombilicale est plus creusée, quoiqu'elle soit imperforée.

176.' — Eulimella propenotata, de Greg. Je ne connais pas cette petite espèce dont la forme conique 'rappelle les *Odontostomia* ; l'auteur n'indique aucun pli columellaire, de sorte que, quoique cette coquille n'ait pas la forme cylindrique des *Eulimella*, on peut admettre qu'elle appartient à ce genre : il est possible, en raison de sa petite taille, que ce ne soit que le jeune âge d'une espèce déjà connue, et que le pli columellaire ne soit pas encore bien formé.

177. — Turbonilla neglecta, Meyer. Cette petite espèce est peu commune et presque toujours en fragments ; l'individu le plus complet que je possède n'a que les six derniers tours ; j'en ai un autre qui se compose des six premiers tours, plus l'embryon formé de trois tours lisses et projetés latéralement : cet individu est à peu près identique à celui que M. Gregorio a figuré comme variété *pellegrina* de *T. mississipiensis*, il paraît plus conique que les fragments des derniers tours, mais c'est bien la même espèce que *T. neglecta*, à tours à peine convexes, ornés de larges costules axiales que séparent des stries profondes, bien marquées d'une suture à l'autre ; l'ouverture est petite, subrhomboïdale et la columelle est tordue par un pli assez gros, situé tout près de la base.

178. — Turbonilla mississipiensis, Meyer. Se distingue de la précédente, d'après l'auteur, par ses tours beaucoup plus convexes ; ce n'est peut être qu'une variété locale, à côtes plus saillantes ; M. Meyer la cite à Red Bluff, je n'ai jamais trouvé à Claiborne d'individu qui ressemblât exactement à la figure qu'il en donne. Quant à la var. *pellegrina*, je viens d'indiquer qu'il faut la réunir à *T. neglecta*.

179. — Turbonilla bidentata, (Meyer). Ce n'est pas seulement par sa columella deux fois tordue sur elle même, qu'on distingue cette espèce des deux précédentes, mais encore par des tours tout à fait plans, à côtes plus obsolètes, séparées par des stries moins profondément gravées, qui cessent avant d'atteindre la suture supérieure : ce dernier caractère est bien indiqué sur la figure de Meyer. Elle est encore plus rare que *T. neglecta* et je n'en ai recueilli que deux fragments, montrant bien les deux plis columellaires.

180. — Eulima lugubris, (Lea). Espèce conique, souvent tordue ou courbée, à tours subulés, tout à fait aplatis anguleuse à la circonférence de la base ; ouverture petite, ovale, versante en avant ; bord columellaire calleux, labre incliné et curviligne. Comme l'indique M. de Gregorio elle a beaucoup d'analogie avec *E. turgidula* du bassin parisien, mais celle-ci est plus élargie à la base et a le dernier tour plus anguleux.

Loc. Claiborne, ma coll. (pl. II, fig. 3).

181. — Eulima aciculata, (Lea). Cette coquille est analogue à *T. nitida*, Lamk., mais elle est moins étroite et elle a le dernier tour plus grand, l'ouverture plus élevée. Je ne crois pas qu'on puisse y réunir les exemplaires de Jackson, figurés par Meyer, et qui ont les sutures bordées comme nos *Margineulima* : ils sont d'ailleurs plus coniques et ont l'ouverture moins allongée que le type ; par conséquent il est rationnel de les séparer comme espèce tout à fait distincte avec le nom *E. jacksonensis*, de Greg.

Loc. Claiborne, ma coll. (pl. II, fig. 2).

182. — Niso umbilicata, — (Lea). Espèce atteignant un diamètre de 7 mill. et une longueur de 16 à 18 millim.; on la distingue de *N. terebellata* du calcaire grossier parisien, par ses tours plus aplatis et par son ombilic un peu plus étroit.

183. — Scalaria carinata, Lea. C'est l'espèce de *Scalidæ* la moins rare de Claiborne, quoiqu'elle soit presque toujours à l'état de fragment ; il y a une erreur évidente dans le numéro de renvoi du texte à la figure qu'en donne Lea : c'est la figure 102 qu'il faut consulter pour cette espèce, et non pas la figure 103 qui représente l'espèce suivante, *S. planulata*. *S. carinata* est caractérisée par ses tours convexes, finement striés dans le sens spiral, ornés de 18 à 20 lamelles aiguës, qui forment un crochet replié à la suture inférieure et qui se prolongent sur la base du dernier tour, en franchissant la carène périphérique de la base. Ouverture parfaitement arrondie, bordée par un péristome saillant, qu'accompagne un petit bourrelet auriculaire, du côté de la région ombilicale, formé par les points de jonction des côtes rayonnantes de la base. L'incertitude, résultant de l'erreur de renvoi aux figures, et le mauvais état des échantillons figurés, a donné lieu à d'innombrables confusions de la part des auteurs ; autant que je puis en juger d'après les individus que j'ai recueillis dans les sables de Claiborne, voici quelles sont les dénominations qu'il faut probablement considérer comme synonymes de *S. carinata : S. nassula* et *sessilis*, Conr. qui n'ont jamais été figurées ; *S. claibornensis*, Conr. qui n'en diffère que par l'omission de la carène périphérique, probablement omise par le dessinateur ; *S. quinquefasciata*, Lea, dont les cinq fascies sont produites par des dépressions spirales qu'on observe quelquefois sur les stries de *S. carinata* ; *S. octolineata*, Conr. même observation, seulement l'individu portait probablement huit dépressions spirales, au lieu de cinq ; *S. newtonensis*, Meyer, variété à tours plus étagés. *S. carinata* est un *Cirsotrema* bien caractérisé.

184. — S. planulata, Lea. Cette espèce appartient à un groupe bien différent de la précédente, car c'est une *Plesioscala*, caractérisée par ses tours moins convexes, ses côtes arrondies, souvent variqueuses, arrêtées à la circonférence du disque basal qui est simplement orné de stries concentriques onduleuses et de quelques plis rayonnants, irréguliers. Toute la surface des tours est ornée de très fines stries rugueuses et ponctuées de granulations microscopiques. Ouverture arrondie, bordée par une varice qui forme une petite oreillette un peu versante, du côté columellaire. Je considère comme synonymes de cette espèce : *S. elegans*, H. Lea, qui n'aurait d'ailleurs pu conserver ce nom, à cause du double emploi avec l'espèce vivante de Risso ; *S. staminea*, et *lintea*, Conr. qui n'ont pas été figurées ; *S. gracilior*, Meyer, qui n'est probablement qu'un jeune individu usé.

185. — Acirsella elegans, (Lea). (1) Je possède deux individus de cette jolie petite espèce que Lea rapportait à son genre *Pasithea*, avec beaucoup d'autres formes appartenant à des genres très différents ; ses tours à peine convexes sont séparés par des sutures profondes et ornés de cinq à sept sillons spiraux à peu près équidistants ; quelques costules obsolètes existent sur plusieurs tours et s'effacent sur les derniers ; base arrondie, régulièrement sillonnée, ouverture ovale, labre presque vertical. Il n'est pas douteux que ce soit une *Acirsella* semblable à celles du bassin de Paris, mais sa forme est plus courte et plus pupoïde : elle a l'embryon composé de tours convexes et lisses comme le type de genre.

Loc. Claiborne, ma coll. (pl. II, fig. 7).

186. — Aclis modesta, Meyer. Autant que je puis en juger par la figure, cette petite coquille aurait plus d'affinité avec les *Rhaphium*, qu'avec les *Aclis* ; mais je ne puis me prononcer, n'en ayant recueilli aucun individu dans les sables de Claiborne.

187. — Adeorbis exacuus, (Conr.). Cette coquille concentrique, décrite après Conrad par Lea comme *Delphinula plana*, n'est ni une *Delphinula*, puisqu'elle n'est pas nacrée, ni un *Solarium*, à cause de la forme évasée de son ouverture, entièrement découverte du côté antérieur, et dont le contour décrit la même sinuosité que dans les *Adeorbis* de l'Eocène du bassin de Paris ; M. de Gregorio la compare, avec raison, à notre *A. bicarinatus*, quoiqu'elle en diffère par de bons caractères, son épaisseur plus grande, ses carènes plus écartées à la périphérie de la base, qui est plus plane, non sillonnée, et, par son ombilic plus anguleux, moins en entonnoir.

188. — Adeorbis subangulatus, Meyer. Cette espèce n'est pas citée à Claiborne ; l'individu de Jackson, que M. Meyer m'a envoyé, est caractérisé, non seulement par l'angle émoussé de la périphérie de sa base, mais encore par l'épaississement celleux du bord columellaire qui recouvre en partie l'ombilic ; l'ouverture n'est pas très évasée, mais il n'est pas douteux que cette coquille appartient bien au genre *Adeorbis*.

189. — Adeorbis lævis, (= *A. pignus*, de Greg.) M. de Gregorio reconnaît lui même que son espèce ressemble beaucoup à celle de Meyer, et il ajoute qu'elle n'en diffère que par le bord de l'ombilic qui est anguleux ; or la figure 29 de Meyer, qui représente la base de l'*A. lævis*, indique précisément ce caractère et elle ressemble tout à fait aux figures de l'*A. pignus* : je crois donc qu'il y a lieu de considérer ces deux noms comme synonymes, cependant je n'ai ni de Red Bluff, ni de Claiborne, aucun exemplaire qui me permette de vérifier cette assimilation.

Je ne puis admettre dans le genre *Adeorbis* : ni *A. incertus*, de Greg., ni *A. punctiformis*, de Greg., espèces douteuses créées, la première sur un individu dont l'ouverture est mutilée, la seconde sur un échantillon tout à fait microscopique, qui n'est probablement que l'embryon d'une coquille déjà connue.

190. — Natica minor, Lea (= *N. minima*, Lea, = *N. epiglottina*, de Greg. (*non* Lamk.), = *N. Matheroni*, de Greg. (*non* Desh.), = *N. Gregorioi*, Cossm.). Cette espèce, assez commune à Claiborne, varie selon l'âge et la taille des individus : quand ils sont adultes, ils ont la spire assez allongée et les tours convexes, c'est *N. minor* typique ; quand ils sont encore jeunes, la spire paraît plus courte et Lea les a séparés sous le nom *minima*. Ils ont tous un caractère commun qui permet de les reconnaître à tout âge, c'est l'existence, autour de l'ombilic, d'un bourrelet plus ou moins caréné, qui aboutit en avant à une légère sinuosité du contour de l'ouverture ; ce bourrelet est très clairement indiqué sur les deux figures de *N. minor* et *minima*, dans l'ouvrage de Lea, il existe également dans les figures données par M. de Gregorio pour les individus qu'il assimile bien à tort à *N. epiglottina* et *Matheroni* du bassin de Paris, lesquelles n'ont aucune ressemblance avec la coquille d'Amérique ; aussi doit on considérer comme nulle la correction que j'avais faite en proposant pour elles le nom *Gregorioi* (Ann. géol. VII, 1892, p. 1003).

L'ombilic contient un funicule moyen, aplati, situé un peu plus près du bord antérieur, c'est à cette espèce que je rapporte les fig. 33, 36, 38, 39 et 40 de la pl. XIV, 1 et 2 de la pl. XV, de l'ouvrage de M. de Gregorio.

191. — Natica magnoumbilicata, Lea. Petite espèce a spire très courte, à large ombilic, dans lequel il y a un tout petit funicule ; les stries d'accroissement forment des plis serrés et obliques, près de la suture. Aucun de ces caractères n'existe dans *N. Noae* du bassin de Paris, qui a une forme conoïde, un gros funicule, et qui est toujours parfaitement lisse ; il n'est donc pas admissible de réunir l'espèce de d'Orbigny à celle de Lea, qui est très rare à Claiborne.

Loc. Claiborne, (pl. II, fig. 28-29) ma coll.

192. — Natica semilunata, Lea. Cette espèce se distingue assez de *N. minor* : le funicule ombilical est beaucoup moins gros, situé moins en avant, il se termine par une callosité moins bien découpée, moins arrondie, plus confondue avec le bord columellaire ; il n'y a pas de bourrelet autour de l'ombilic ; enfin le tours de spire portent une dépression au dessus de la suture. Il est probable que c'est à cette espèce qu'il faut réunir *N. decipiens*, Meyer, qui ressemble beaucoup à la figure de l'ouvrage de Lea ; mais j'ai plus d'hésitation en ce qui concerne *N. newtonensis*, qui a un galbe bien différent, et je ne crois pas que ce soit la même espèce. *N. semilunata* est plus rare à Claiborne que *N. minor*.

193. — Natica Marylandica, Conr. Je ne possède pas cette espèce qui ne paraît pas exister à Claiborne ; autant que l'on ne peut juger par la reproduction de la figure de Conrad, il est impossible de la confondre avec *N. minor*, qui a les tours de spire bien plus convexes ; elle paraît intermédiaire entre *N. semilunata* et *parca*, et s'en distingue par la boucle que dessine sa callosité columellaire, au bord de l'ombilic.

---

(1) J'avais d'abord réuni à cette espèce *Chemnitzia acuta*, Meyer ; mais j'ai retrouvé des individus de Red Bluff que m'a envoyés cet auteur et qui sont plus cylindriques, plus costulés que *A. elegans* ; malheureusement la pointe manque, je ne suis donc pas certain que ce soit une *Acirsella* quoiqu'elle en ait l'ouverture.

4

194. — Natica parva, Lea. Espèce ovoïde et subulée, peu rare à Claiborne et facile à reconnaître par l'absence complète de funicule, de sorte qu'on peut probablement la rapporter au sous genre *Naticina*, quoiqu'elle n'ait pas la forme globuleuse du type de ce sous genre, *N. catena*. La fig. 50 de la pl. XIV, de l'ouvrage de M. de Gregorio, intitulée à tort, *N. minor*, est la représentation la plus exacte de *N. parva*, telle que Lea l'a figurée ; tandis que les fig. 1 et 2 de la pl. XV sont des *N. minor* bien caractérisées par leur funicule, leurs tours convexes et leur bourrelet ombilical : Il y a eu une confusion évident de la part de notre confrère, et il suffit pour s'en convaincre de se reporter aux figures originales de Lea, qui quoique petites, sont extrêmement claires. C'est une espèce assez fréquente à Claiborne, mais l'ouverture en est rarement entière.

195. — Natica mamma, Lea. Coquille bien distincte des précédentes par sa spire à peine saillante, sa forme déprimée et globuleuse, par sa callosité columellaire qui envahit en grande partie la cavité ombilicale : cette callosité est transversalement partagée en deux par un sillon plus visible sur les jeunes individus que sur les adultes, aussi me parait il douteux que cette espèce puisse être classée dans le sous genre *Neverita* : en tous cas ce n'est pas de la forme typique qu'il faut la rapprocher, mais de notre *N. calvimontensis*, Desh.

Peut-être *N. gibbosa*, Lea, n'est il qu'un échantillon adulte et déformée de *N. mamma*, cependant la spire parait plus allongée et le dernier tour est un peu excavé près de la suture ; je n'ai trouvé, dans le sable de Claiborne, aucun individu qui présente ces caractères.

196. — Sigaretus striatus, Lea. Espèce assez fréquente à Claiborne et qu'on peut comparer à *S. clathratus* du bassin de Paris ; elle est beaucoup plus globuleuse, sa base est plus convexe, son ombilic situé bien plus en avant, et sa columelle est plus calleuse ; enfin son ornementation se compose de stries spirales beaucoup plus profondes, non onduleuses. Il existe à peu près les mêmes différences entre cette espèce et *S. Leresequei* de notre Eocène inférieur. Il est probable que *S. bilix* et *arctatus*, Conr. sont synonymes de l'espèce de Lea.

197. — Sigaretus declivis, Conr. Pl. I, fig. 35.

Coquille déprimée ; à spire sans aucune saillie, composée de trois ou quatre tours croissant très rapidement ; le dernier tour extrêmement ample et évasé porte des cordonnets spiraux assez écartés vers la suture inférieure, plus graduellement serrés à mesure qu'ils approchent de la périphérie qui est arrondie ; base un peu concave, ornée de filets onduleux ; ombilic en partie recouvert par la lame columellaire.

Diamètre maximum, 6 mill. ; hauteur, 3,5 mill.

Cette espèce ne peut se confondre ni avec la précédente ni avec aucune de celles du bassin de Paris ; sa forme déprimée est particulièrement caractéristique et la distingue, au premier coup d'œil des jeunes individus de *S. striatus* ; il est probable que c'est elle qu'avait en vue Conrad quand il a cité seulement, sans le décrire ni le figurer, son *S. declivis* : dans cette incertitude, je préfère risquer cette assimilation plutôt, que de créer un nom nouveau. Elle est beaucoup plus rare que la précédente, car je n'en possède que trois individus, dont aucun n'est complet.

Loc. Claiborne, ma coll. (pl. I, fig. 35).

198. — Megatylotus mississipiensis, (Conrad). J'ai déjà indiqué (Annuaire géol. 1892, p. 1002) les différences qui existent entre la figure de cette espèce et nos individus de l'Oligocène d'Europe : la coquille d'Amérique est bien moins globuleuse, plus conoïde, munie d'une rampe suturale beaucoup plus creuse et moins arrondie ; si l'on néglige ces caractères distinctifs, il n'y a pas de raison pour n'admettre au monde qu'une seule espèce, *M. crassatinus*, L.[k] ; aussi me parait il plus raisonnable de conserver l'espèce de Conrad qui est propre à une région et peut-être à un niveau différent ; car *M. mississipiensis* est de Vicksbourg et non de Claiborne, il est peu probable que ce soit une forme éocénique.

199. — Ampullina alabamiensis, (Whitfield). Je ne connais pas d'exemplaire de cette espèce qui n'est pas du gisement de Claiborne : elle me parait voisine de notre *A. semipatula*, quoiqu'elle s'en distingue par sa rampe suturale, par sa spire plus allongée et par se stries spirales.

200. — Ampullina erecta, (Whitfield). Je ferai pour celle-ci les mêmes réserves que pour la précédente, à laquelle elle ressemble d'ailleurs tellement, sauf l'absence de stries spirales, que je crois qu'on pourra les réunir quand on aura pu étudier les individus eux mêmes.

201. — Euspira recurva, (Aldr). Grosse espèce qui parait avoir quelques rapports avec notre *E. hybrida*, mais dont l'ombilic est plus large ; elle est citée à Lisbon, mais pas à Claiborne.

202. — Euspira promovens, de Greg. Je n'ai jamais recueilli à Claiborne de fragment de cette grosse coquille, qui a tout à fait l'aspect des formes jurassiques et dont l'auteur ne cite pas le gisement.

203. — Euspira præcoxica, de Greg. De même que la précédente, il est donteux qu'elle soit de Claiborne ; comme son nom l'indique, elle a beaucoup d'affinité avec notre *E. conica*, et ressemble tout à fait à une *Paludina*.

204. — Xenophora reclusa, (Conr.) Espèce de Jackson sur laquelle je ne puis me prononcer, n'en connaissant ni la description, ni la figure ; en tout cas je ne puis admettre l'assimilation avec *X. agglutinans*, L.[k] du moule calcaire qui est figuré dans l'ouvrage de M. de Gregorio ; si cet échantillon vient de l'Eocène, ce qui n'est pas prouvé, il serait plus prudent de le rapporter à l'espèce de Conrad.

205. — Capulus complectus, Aldr. Cette coquille, voisine de n. *C. squamaeformis*, n'existe pas dans le gisement de Claiborne ; ce n'est pas à la planche VII, mais à la pl. XIV de l'ouvrage de M. de Gregorio, qu'il faut la chercher (fig. 23), le renvoi du texte est inexact.

206. — Crepidula lirata, Conrad. (= *C. dumosa*, Coer.) Je ne pense pas que l'on puisse admettre cette espèce comme l'a proposé Conrad ; quelques individus, jeunes et très frais, ont en effet des plis d'accroissement plus prononcés entre les costules rayonnantes ; mais , quand une espèce est aussi commune et caractéristique qu'est celle-ci, il faut lui laisser une grande latitude de variations.

207. — Calyptraea aperta, (Soland.) C'est une des espèces peu nombreuses de Claiborne, dont l'identité avec celle du bassin de Paris est tout à fait incontestable : la coquille d'Amérique a non-seulement la même ornementation, mais surtout — ce qui est plus important — le septum presque rectiligne et un peu calleux; il est difficile de constater ce caractère, car la plupart des individus qu'on recueille dans le sable de Claiborne sont mutilés; ils ont, en général une forme moins turbinée et plus évasée que les individus de l'Eocène supérieur des environs de Paris, et ils sont trop usés pour avoir conservé les longues épines qui ornent souvent les exemplaires de notre calcaire grossier, quand ils sont très frais.

208. — Hipponyx pygmæus, (Lea). Petite espèce assez fréquente à Claiborne, appartenant à la forme typique des *Hipponyx*, comme l'indique son impression musculaire en fer à cheval, quoique je n'aie jamais vu de support calcaire; je ne comprends pas que M. de Gregorio la rapporte au genre *Hdcion* qui est dans un sous-ordre tout à fait différent. Comme elle est très variable, tantôt aplatie, tantôt conique, il va me parait pas possible d'en distinguer *H. ingrediens*, de Greg.

209. — Leptonotis expansa, (Whitfield). Coquille probablement embryonnaire, sur laquelle je ne puis, pas plus que M. de Gregorio, donner d'éclaircissements.

210. — Cucibulum antiquum, Meyer. (Contr. Pal. Alab. Miss. p. 68, pl. I, fig. 11).

Je ne puis donner de renseignements sur cette coquille de Claiborne; l'auteur n'en a figuré que la vue intérieure et elle n'a pas été reprise dans le livre de M. de Gregorio.

211. — Rissoia ziga, de Greg. Jolie petite espèce qui doit être très rare, car je n'en ai jamais vu d'échantillons; comme l'indique l'auteur, elle est voisine de *R. nana* du bassin de Paris, c'est à dire qu'elle est encore du groupe de *R. ventricosa* qui est le type du genre *Rissoia (sensu stricto)*.

212. — Rissoia? trigemmata, (Conrad), Cette espèce n'est certainement pas une *Scalaria*, comme le croit M. de Gregorio; Conrad l'a placée dans le genre *Chemnitzia*, c'est à dire dans les *Turbonilla*, quoiqu'elle ait la columelle lisse et régulièrement arquée; je la crois mieux à sa place dans les *Rissoidæ*; mais je ne puis rien affirmer n'en ayant pas recueilli d'échantillon.

213. — Pseudotaphrus varicifer, n. sp. Pl. I, fig. 33.

Testa conica, multispirata, anfractibus convexiusculis, subimbricatis, sutura profunda ac superne canaliculata discretis; costulis irregularibus, angustis, rectis, antice evanescentibus, sæpe varicosis; sulcis spiralibus nonnullis, prope suturam anticam; ultimo anfractu ad peripheriam subanguloso, basi funiculis spiralibus alternatis ornata; apertura sectocircularis, labro incrassato cincta, antice pseudo canaliculata; columella recta, cum margine basali angulo conferta.

Petite coquille conique, composée d'un assez grand nombre de tours un peu convexes et faiblement imbriqués du côté antérieur, où une petite rampe accompagne la suture, qui est profondément gravée. Leur ornementation est formée de petites costules axiales, étroites, rectilignes, peu régulières, se transformant parfois en varices plus épaisses et disparaissant vers les derniers tours qui portent seulement quelques varices noduleuses; la partie inférieure et le milieu de chaque tour est à peu près lisse, c'est seulement sur la rampe antérieure que se montrent quatre ou cinq sillons spiraux. Le dernier tour est grand, un peu anguleux à la circonférence de la base qui est convexe, ornée de cordonnets concentriques, alternant de grosseur. L'ouverture a la forme d'un secteur circulaire, dont le centre est à l'intersection du bord basal et du bord columellaire qui sont rectilignes et forment un angle de 120° environ; le secteur de cercle est formé par le contour du labre qui est épaissi par une forte varice et qui aboutit, en avant à un faux canal, ou oreillette située à la troncature antérieure de la columelle. Quand les individus sont incomplets, ce qui arrive le plus souvent, la coquille parait canaliculée, et on la confondrait avec un *Cerithium* du groupe de *C. terebrale*, Lamk.; mais je possède deux individus dont l'ouverture est bien conservée et présente tous les caractères de mon genre *Pseudotaphrus*, de sorte que je l'y classe, quoique ses tours de spire n'aient pas tout à fait la même ornementation que les espèces parisiennes de ce genre; elle appartient probablement à la section *Microtaphrus, nobis* (Type : M. proavius, Cossm.).

Dimensions : longueur probable, 6 mill., diamètre, mill.

J'ai vainement cherché dans les espèces décrites comme *Cerithium* une forme qui puisse être assimilée à celle-ci et je m'étonne qu'elle ait échappé à toutes les recherches jusqu'à présent, car j'en possède huit individus plus ou moins incomplets. Comme elle ne porte pas de tubercules sur ses côtes, on ne peut la confondre avec la figure de *R. trigemmata*.

Loc. Claiborne, assez rare; ma coll. (pl. I, fig. 33).

214. — Rissoina notata, (Lea). Pl. I, fig. 34.

Il m'a paru utile de figurer de nouveau cette espèce qui n'est ni une *Pasithea*, comme l'a décrite Lea, ni un *Eulima*, comme le pensait M. de Gregorio; j'en possède un exemplaire de Claiborne, qui répond absolument à la figure 80 de l'ouvrage de Lea, cet auteur a bien remarqué que le labre est sinueux, arqué en avant, épaissi par une varice; les tours sont étroits, nombreux et séparés par une suture beaucoup plus profondément gravée que celle des *Eulima*: ils sont lisses, faiblement convexes en avant; enfin l'embryon est aplati ou obtus, au lieu d'être aigu.

215. — Rissoina? cancellata, (H. Lea). Je ne puis malheureusement donner aucun renseignement sur cette espèce que l'auteur classait dans le genre *Pasithea* et que M. de Gregorio a placée dans le genre *Rissoia*; elle me parait avoir quelque affinité avec *R. dactyliosa*, Desh., à cause de son ornementation treillissée et de son ouverture subcanaliculée; si je pouvais examiner des individus de ces deux espèces, il est probable que je constaterais la nécessité de les classer dans une nouvelle coupe voisine de *Phosinella sagraiana*, d'Orb.

216. — Solarium alveatum, Conrad. Cette belle espèce est caractérisée par son ombilic fortement crénelé, par sa base lisse et par sa spire parfaitement conique, simplement ornée de deux stries près de la suture inférieure; la carène périphérique est très saillante, accompagnée à quelque distance par un corden basal très large. Elle atteint une grande taille, l'un de me échantillons mesure 23 mill. de diamètre. La dénomination *alveatum* parait avoir la priorité sur *bilineatum*, Lea.

217. — Solarium elaboratum, Conrad (= *ornatum*, Lea) Les figures des deux auteurs sont à peu près identiques et je ne comprends pas comment M. de Gregorio ne les a pas rapprochées, tandis qu'il rapporte à cette espèce une forme (fig. 26, 27 et 28 de la pl. XII) qui n'a pas la moindre ressemblance avec le type de Conrad ; S. *elaboratum* est du même groupe que S. *canaliculatum*, Lamk., mais ses cordons granuleux sont moins nombreux sur les tours de spire et les perles y sont plus grossières ; en outre sa base est plus convexe que celle de l'espèce parisienne et les cordons concentriques y décroissent plus régulièrement depuis l'ombilic jusqu'à la carène périphérique. Le S. *Hargeri*, Meyer est probablement synonyme de cette espèce, à moins que ce ne soit une variété locale, spéciale au gisement de Red Bluff. Quant au *Solarium* grossi dans l'ouvrage de M. de Gregorio, ou bien c'est une espèce nouvelle, que je n'ai jamais vue à Claiborne, ou bien le dessinateur a mal reproduit les caractères de la coquille qui parait ressembler à S. *plicatum*, Lamk. ; dans cette incertitude, je ne puis proposer de lui donner un nom nouveau.

213. — **Solarium cœlaturum**, (Conrad) (= S. *amœnum?* Conr. — S. *bellastriatum* Conr. *in* Meyer, Beitr. 1887, p. 18, pl. 5, fig. 18). Les figures des trois espèces que je propose de réunir se ressemblent et les deux individus que je possède de Claiborne se rapportent exactement à celle de S. *cœlaturum*, de sorte que je conserve cette dénomination quoiqu'elle soit plus récente que *amœnum* qui est plus douteux, et quoique M. Meyer ait figuré le côté de la spire de *bellastriatum*, tandisque Conrad n'a donné que le côté de la base de S. *cœlaturum*. C'est une coquille peu convexe, à ombilic étroit, composée de cinq tours simplement ornés de deux stries concentriques près de la suture antérieure et de plis obliques à la partie postérieure ; la périphérie porte deux larges cordons aplatis ; la base est ornée de trois sillons profonds, inégalement écartés, dont les intervalles sont plissés par des côtes rayonnantes droites, d'abord obsolètes, puis plus saillantes vers le centre jusqu'à l'ombilic dont la carène est fortement crénelée. M. Meyer fait observer avec raison que cette espèce est intermédiaire entre S. *triliratum*, de l'oligocène de Vicksbourg et S. *Henrici*, de Claiborne, et il en conclut que c'est une mutation stratigraphique, correspondant au niveau de Jackson, qui parait être de l'Eocène supérieur ; seulement, comme cette espèce se trouve aussi à Claiborne où je l'ai recueillie, ce n'est pas une mutation, mais une forme bien distincte.

219. — **Solarium Henrici**, Lea. Espèce voisine de la précédente, mais dont l'ombilic est plus large, dont la base ne possède qu'un sillon autour des crénelures ombilicales, au dela de ce sillon sont des plis rayonnants qui s'effacent avant d'atteindre la carène périphérique, laquelle est crénelée ; les tours de spire, la suture profonde, sont simplement ornés de plis obliques à la partie postérieure.

220. — **Solarium supravenustum**, de Greg. Je n'ai jamais trouvé cette jolie espèce qui parait appartenir au même groupe que S. *plicatum*, de l'Eocène parisien.

221. — **Solarium scrobiculatum**, Conr. Espèce multispirée sur laquelle je ne puis, quoiqu'elle soit citée à Claiborne, fournir aucun renseignement, car je n'en ai pas trouvé le moindre fragment.

222. — **Discohelix retalis**, (Lea). Je ne possède pas cette jolie petite coquille, qui se distingue de D. *patellatus*, Dixon par son ombilic moins orné est et de D. *Dixoni* par son épaisseur moindre ; le genre *Orbis* Lea ne pouvant être conservé pour cause de double emploi, il y a lieu de classer cette espèce dans le genre *Discohelix*, Dunker (1847), qui a la priorité sur *Cyclogyra* ; cette opinion est d'ailleurs celle de Tryon.

223. — **Pasithea guttula**, (Lea). On sait que le genre *Pasithea* de Lea contient des espèces appartenant au moins à cinq ou six genres différents ; si l'on choisissait pour type du genre la première de ces espèces, dans l'ordre des descriptions successives, ce serait P. *secalis* qu'il faudrait prendre comme type, et comme c'est une *Bayania* bien caractérisée ce dernier nom devrait être remplacé par *Pasithea* ; si aucontraire on prend pour type l'espèce qui répond le mieux à la diagnose du genre et surtout aux remarques que Lea a mises en note pour fixer la position du genre *Pasithea* près des *Melania*, c'est P. *guttula* qui est le véritable type et M. de Gregorio l'a interprété de même que moi. C'est une petite espèce lisse et brillante, à spire courte, à sommet obtus et même aplati, composée de cinq tours croissant rapidement, le dernier égale les trois quarts de la longueur totale ; l'ouverture est ovale, arrondie en avant sans inflexion ; le labre est rectiligne, la columelle est étroite et épaisse, et l'angle inférieur de l'ouverture, est souvent rempli par une callosité qui relie le bord columellaire au labre. Ces caractères sont exactement ceux de notre *Amphimelania lucida*, que j'ai depuis rapporté au genre *Balanocochlis* ; mais, outre que cette dernière dénomination est postérieure à celle de Lea, il est possible que ces coquilles marines ne puissent être assimilées au *Melania glans* ; par conséquent, de toute façon, il y a lieu de conserver le nom *Pasithea* et de l'appliquer aussi à nos espèces parisiennes P. *lucida*, Cossm, P. *borellensis* de Laub et Carez, P. *culiminoides*, Cossm, qui sont d'ailleurs spécifiquement distinctes de P. *guttula*. Loc. Claiborne, ma coll. (pl. II, fig. 21).

224. — **Pasithea tornatelloides**, (Meyer). Je ne suis pas bien certain que cette coquille appartienne au même genre que la précédente : elle a les tours plus convexes et l'ouverture bien plus courte ; je ne l'ai pas recueillie dans le sable de Claiborne, quoiqu'elle y soit citée par Meyer qui l'a rapportée au genre *Amaura* ; or les coquilles de ce dernier genre ont le test bien plus mince et l'ouverture moins calleuse que ne parait l'avoir l'espèce de Meyer. Quant à P. *coctaviensis*, Aldr. , c'est tout simplement un fragment de *Cominella*, aussi que je m'en suis assuré non seulement sur la figure, mais d'après deux échantillons que M. Meyer m'avait envoyés sous ce nom. Eufin P. *Anita*, Aldr. n'est aussi qu'un fragment indéterminable, et P. *galma*, de Greg. n'est probablement qu'un très jeune individu de P. *tornatelloides*.

225. — **Bayania secalis**, (Lea). Espèce conique, à sommet obtus, à ouverture versante en avant, qui ne peut être confondue avec les *Pasithea* dont le sommet est aplati et dout l'ouverture n'est pas versante ; en outre, le bord columellaire est plus étalé, moins bien limité, comme cela a lieu dans le B. *lactea*, Lamk. Seulement l'espèce de Claiborne est entièrement lisse et n'a pas les premiers tours costulés ; à ce point de vue elle ressemblerait à B. *triticea*, mais elle est plus étroite et plus régulièrement ovale. Loc. Claiborne, ma coll. (pl. II, fig. 6).

226. — **Bayania claibornensis**, (Lea). Espèce figurée d'une manière défectueuse, qui parait se distinguer de la précédente par ses tours convexes et par sa forme plus globuleuse.

227. — Actæonema sulcatum, (Lea). Cette petite coquille n'est pas excessivement rare dans les sables de Claiborne; son sommet obtus, presque aplati, ne permet pas de la rapporter au genre *Pyramis* dont l'embryon est semblable à celui des *Actis*; dans ces conditions, il n'y a aucun motif, puisque cette forme ne peut être conservée dans le genre *Pasithea* où Lea l'avait placée, pour ne pas adopter le nom *Actaeonema* qui a été proposé par Conrad. Ce genre vient se placer dans les *Pseudomelanidae*, dans le voisinage des *Bayania*, dont il se rapproche par la sinuosité du labre un peu proéminent en avant, mais dont il s'écarte par l'ouverture plus arrondie, moins versante en avant; la columelle est plus excavée et le bord columellaire plus étroit, moins calleux. De fortes carènes spirales ornent la surface des tours, elles ne sont pas toujours équidistantes, et quand elles sont plus écartées, on obtient l'aspect auquel M. de Gregorio a attribué le nom *Littoriua fervens*, mais ce n'est qu'une variété d'*Actaeonema sulcatum*.

228. — Actæonema? striatum, (Lea). N'ayant jamais trouvé cette coquille dans les sables de Claiborne, je ne puis affirmer qu'elle soit de même genre que la précédente : elle s'en distingue par sa forme plus allongée, par ses tours plus convexes et par son ornementation qui consiste en cordonnets beaucoup plus fins et plus serrés. Il y a lieu de remarquer que ce n'est pas cette espèce qui est le véritable type du genre *Actæonema*, mais *Pyramis striata*. Conrad, c'est à dire *Pasithea sulcata* ou l'espèce précédente, de sorte que l'on peut désormais fixer, d'une manière beaucoup plus certaine, les caractères de ce genre.

229. — Turritella carinata, Lea. (= *T. litripx* de Greg.) Quand cette espèce est jeune, la pointe a une forme étroite et subulée, dénuée de carène à la suture, de sorte qu'on pourrait être tenté de la considérer comme une espèce distincte; cette remarque est indiquée dans la diagnose latine très détaillée que M. de Gregorio a donnée à propos de cette espèce, qui est très commune à Claiborne, mais dont on trouve rarement des individus à peu près complets; l'erreur que nous signalons a d'ailleurs été commise par H. Lea, qui a donné à la pointe de cette espèce le nom *T. gracilis*.

230. — Turritella Mortoni, Conr. Je partage, au sujet de cette coquille, les hésitations de notre confrère : la figure de Conrad représente un individu bien plus trapu que *T. carinata*, et dont la spire ne paraît pas être dimorphe; cependant, si ces différences sont la faute du dessinateur, il n'est pas douteux qu'il faudra remplacer *carinata* par *Mortoni*.

231. — Turritella apita, de Greg. Espèce bien distincte de *T. carinata*, Lea et à laquelle on doit réunir comme synonyme *T. carinata*, H. Lea, d'après la figure qu'en donne Meyer; elle a, en effet, une carène presque médiane, avec un cordonnet et quelques stries sur la moitié antérieure, et un cordonnet presque sutural en arrière.

232. — Turritella tiga, de Greg. Cette espèce, qui a beaucoup de ressemblance avec *T. Solanderi*, Mayer de notre Eocène inférieur, n'est pas rare à Claiborne; il n'est pas probable que Conrad et Whitfield ne l'aient pas connue, mais comme les *Turritella* qu'ils ont citées ne sont accompagnées ni de descriptions ni de figures (*T. præcincta*, *lintea*, *nasuta*, *eurynome*, *multilira*, *alabamiensis*) il n'est pas possible de savoir à quelle forme attribuer ces noms, et il faut supprimer toute cette nomenclature qui n'a absolument aucune valeur pour la détermination des espèces. Dans ces conditions, j'ai appliqué à cette coquille le nom que M. de Gregorio a proposé, en donnant une très bonne figure, qui représente bien les caractères de l'espèce. Elle est remarquable par ses tours imbriqués, munis en avant d'un angle émoussé, bien moins caréné que celui de *T. carinata*; au dessous de cet angle, il y a deux autres cordonnets spiraux et quelques fines stries irrégulièrement intercalées; elle se distingue de l'espèce parisienne par sa forme moins allongée, moins étroite, plus rapidement élargie en avant; elle se rapproche de deux autres formes extrêmement voisines.

233. — Turritella claibornensis, de Greg. Je ferai, au sujet de cette espèce, la même observation que pour la précédente : quoiqu'elle ne soit pas rare et qu'elle n'ait pas dû échapper aux auteurs américains, j'adopte le nom *Claibornensis*, parce que la figure 24 de la pl. XI de l'ouvrage de M. de Gregorio représente bien la forme typique. C'est une coquille beaucoup plus trapue que les précédentes, subulée, à tours presque plans ornés de quatre ou cinq carènes spirales, celle du haut plus saillante que les autres, et de fines stries intercalées; les accroissements découpent de fines granulations sur la plupart de ces carènes; la base du dernier tour est peu convexe, lisse, circonscrite par un angle très saillant, tandis que *T. tiga* a la périphérie un peu arrondie. Quand la coquille est un peu moins élargie, on obtient la forme représentée pon la fig. 38 et rapportée à tort à *T. Cellifera*; au contraire les variétés dont l'angle spiral est plus ouvert correspondent aux figures 23 (*T. hybrida*, *non* Desh!) et 19 (*T. ghigna*, de Greg.); peut être faut il aussi y rapporter *T. propeperdita* de Greg. mais l'échantillon figuré (fig. 21) est muni d'un canal cérithial, peut être imaginé par le dessinateur, on bien ce pourrait être une *Mesalia*, je ne puis me prononcer avec certitude à son égard. Cette coquille n'a pas le moindre rapport avec *T. carinifera* du bassin de Paris.

234. — Turritella eterina, de Greg. Espèce dimorphe, sublmbriquée comme *T. tiga*, quand elle est jeune, ayant les derniers tours plans et subulés comme ceux de *T. claibornensis*; les premiers tours portent seulement trois cordonnets spiraux subgranuleux, tandis que les individus adultes en ont un plus grand nombre et qu'une petite rampe excavée accompagne leur suture; en tous cas, on la distingue par sa forme très étroite et bacillaire. Elle est assez rare à Claiborne.

235. — Turritella mela, de Greg. Cette coquille très rare, dont je n'ai jamais trouvé qu'un seul fragment, ressemble à l'espèce précédente; mais, à tout âge, ses tours sont ornés de six petites carènes égales avec de très fines stries dans les intervalles; en outre ses sutures sont marquées par une petite rampe excavée, formée par la saillie de la carène antérieure; enfin elle est moins étroite que *T. eterina* et je crois, par conséquent, qu'on peut la conserver comme espèce distincte.

236. — Turritella cælatura, Conrad. C'est une grande espèce à tours plus élargis et plus cylindriques que notre *T. monilifera*, ornée comme elle de cordons granuleux; je la crois distincte de l'espèce parisienne, mais je n'ai pu m'en assurer, n'en ayant pas trouvé d'exemplaire à Claiborne.

237. — Turritella bellifera, Aldr. C'est une *Turritella* bien caractérisée, qui n'a aucun des caractères du genre *Proto* ni du *T. cathedralis* auquel la rapporte M. de Gregorio, je ne la connais que par la figure qu'en a donnée l'auteur.

238. — Mesalia vetusta, (Conr.) (= *Cerith. agnotum* et *persum*, de Greg.) Je ne puis comprendre comment M. de

Gregorio a pu classer cette coquille dans le genre *Cerithidea* ; elle a tout les caractères des *Mesalia*, quand son ouverture est entière, ce qui est rare il est vrai, on s'aperçoit qu'elle est largement versante à la base de la columelle, comme cela a lieu pour *M. sulcata*, Lamk. Elle est finement striée dans le sens spiral ; cette ornementation et ses tours à peine convexes la distinguent de la plupart des *Mesalia* du bassin de Paris et elle ne ressemble qu'à *M. melanoides*, quoique celle-ci ait un sillon spiral qui manque à l'espèce américaine.

239. — Mesalia obruta, (Conr.) Beaucoup plus rare que la précédente, elle est moins trapue et elle a les tours plus convexes, ornés de cordonnets plus écartés, séparés par des sutures qu'accompagne un sillon assez large; il est à peu près impossible de la trouver avec l'ouverture entière, de même que la pointe manque presque toujours. Je ne puis admettre qu'on la compare à *M. vittata*, ou plutôt *M. fasciata* du bassin de Paris : il n'y a pas la moindre ressemblance entre l'espèce parisienne qui est deux fois plus large, ornée de carènes écartées etc.... et la coquille d'Amérique, qui ressemblerait plutôt, sauf son sillon spiral, à *M. Ecki* de Laub.

240. — Vermetus ornatus, (Lea). Coquille assez variable, tentôt entièrement déroulée, tentôt enroulée avec la régularité d'un *Solarium* : c'est avec cette dernière forme qu'elle a été figurée par Lea. L'ornementation est composée de cordonnets longitudinaux sur lesquels sont de petites rugosités produites par des accroissements; l'opinion de M. de Gregorio est tout à fait fondée, c'est bien un *Vermetus*; ainsi que nous avons déjà fait remarquer (Catal. Eoc. V p. 64), il faut par conséquent changer les deux *Vermetus ornatus* qui existent dans le bassin de Paris et dans l'Eocène d'Angleterre : l'espèce parisienne prendra le nom *V. Deshayesi*, Newton et l'espèce anglaise, *V. comptus*, Cossm.

241. — Tesagodes claibornensis, (Lea) Espèce généralement lisse, quelquefois ornée de costules longitudinales très obsolètes et simples, marquées d'une fissure sur toute sa longueur, de sorte qu'elle appartient à la section *Agathirses*, Montf.

242. — Tesagodes plitus, de Greg. C'est plus qu'une variété de l'espèce précédente, attendu qu'elle n'appartient pas au même groupe : la fissure ne continue pas sur toute la longueur, autant que je puis le constater sur un fragment que j'ai trouvé dans le sable de Claiborne; elle est donc de la section *Pyxipoma*, Mörch, comme *T. multistriatus* Desh, mais on l'en distingue pour ses costules moins nombreuses et moins régulières.

243. — Mathildia pulchra, (Meyer). Je n'ai jamais trouvé le moindre fragment de cette espèce citée à Claiborne, ni d'aucune autre *Mathildia* (*M. aspera*, *retisculpta* et *regularis*) décrites de Jackson, je ne puis donc etre certain que les trois dernières sont des *Mathildia*; d'après l'embryon *M. aspera* serait plutôt du genre *Tuba*.

244. — Tuba striata, Lea. J'ai indiqué dans mon Catalogue de l'Eocène (IV, p. 316), les motifs pour lesquels il me parait évident que le genre *Tuba* doit être rapproché des *Mathildia*, auquel il ressemble par son embryon et par son ornementation, quoique l'ouverture soit plus arrondie et que la base soit ombiliquée; ces deux genres doivent d'ailleurs, comme je l'ai fait remarquer ultérieurement (Catal. Eoc. V, p. 63), être classés près de la famille *Trichotropidæ*, *T. striata* est caractérisé par sa forme assez allongée, par ses larges rubans spiraux que séparent des sillons un peu plus étroits, élégamment crénelés par de petits filets d'accroissement qui ne remontent sur les rubans que quand la surface est fraichement conservée; les tours sont peu convexes, séparés par des sutures profondément canaliculées la base du dernier tour est arrondie et la fente ombilicale est en partie cachée par l'expansion du bord columellaire Quand l'ouverture est entière, ce qui est rare, elle est ovale, non versante en avant, et la columelle est à peine courbée. Deux de mes sept échantillons ont l'embryon bien conservé : c'est une petite crosse lisse composée de deux tours hétérostrophes obliquement appuyés sur le sommet de la spire ornée.

245. — Tuba alternata, Lea. (= *T. sulcata*, Lea non Pilk.) Il n'est pas possible de confondre cette espèce avec la précédente, elle s'en distingue par sa forme plus élargie à la base, par ses tours beaucoup plus convexes, étagés par une rampe à la suture qui est moins profondément canaliculée, par son ornementation composée de quatre carènes saillantes, avec un petit cordon spiral dans chaque intervalle; les filets d'accroissement sont beaucoup plus serrés et ne produisent pas de crénelures sur les carènes; la base est moins convexe, plus largement ombiliquée, le bord columellaire est moins étalé plus roulé sur lui même, enfin l'ouverture est plus arrondie. Comme Conrad a confondu ces deux espèces, il est impossible d'admettre le nom *antiquata*, fût il même antérieur à ceux qu'a proposés Lea, attendu qu'il n'a pas précisé ni figuré laquelle des deux formes il a voulu désigner. Quant à *T. sulcata*, Lea, qui n'aurait pu en tous cas conserver cette dénomination faisant double emploi, c'est évidemment un fragment de *T. alternata*. Celle-ci est beaucoup plus rare que la précédente: je n'en ai jamais trouvé que deux individus, dont l'un a 8 millimètres de diamètre, mais il lui manque malheureusement le sommet embryonnaire.

246. — Cerithioderma primum, Conrad. Il est aujourdhui avéré que ce genre est synonyme antérieur (1860) de *Mesostoma*, Desh. (1861, non, Ant, Dujès 1830) ; c'est le même embryon planorbulaire que nos coquilles parisiennes, une ornementation semblable, et quant à l'ouverture qui est parfaitement conservée sur l'un de mes échantillons de Claiborne, elle est subquadrangulaire; le labre est épaissi par la dernière côte, plissé à l'intérieur, la columelle peu courbée se termine par une troncature oblique qui forme, avec le bord supérieur, un canal rudimentaire très court. *C. primum* se distingue de nos espèces de calcaire grossier par ses tours plus arrondis, par sa forme courte et trapue; il a beaucoup d'analogie avec *C. costatum*, Tate, de l'Eocène de l'Australie du Sud, cependant ce dernier parait avoir les côtes plus écartées et moins obliques, se prolongeant sur la base du dernier tour.

247. — Bittium Kneoni, Meyer. Cette petite espèce de Jackson ne parait pas avoir vécu à Claiborne ; en comparant les individus que l'auteur m'a donnés à *B. semigranulosum*, Lamk., je constate que l'espèce américaine se distingue par sa forme plus courte, par ses tours plus convexes, par ses côtes plus arquées, que croisent des carènes spirales plus tranchantes.

248. — Newtoniella constricta, (Lea). C'est une *Cinctella* à trois carènes spirales, qui se distingue de *N. trilineata* par l'écartement de ces carènes; l'exemplaire figuré par Meyer est presque complet et montre les premiers tours costulés, ce qui est très rare, car on ne trouve guère que des fragments des derniers tours de cette espèce dans le sable de Claiborne. On sait que la dénomination *Newtoniella* doit définitivement être substituée à *Lovenella*.

249. — **Newtoniella quadristriaris**, (Aldr. et Meyer). Autant que je puis en juger par la figure, cette petite *Cinctella* se distinguerait de le précédent par ses quatre cordons, dont les deux antérieurs sont plus saillants, de sorte que cela donne l'aspect imbriqué aux tours de spire.

250. — **Newtoniella nassula**, (Conr.) (= *Cerithiopsis Aldrichi*, Meyer). Je n'ai jamais trouvé le moindre fragment de cette espèce qui doit être très rare à Claiborne; ses tours convexes et cancellés la distinguent de *N. clavus* et de *N. pulcherrima* du bassin de Paris.

251. — **Nwtoniella Jacksonensis**, (Meyer). D'après la figure, celle ci est plus trapue et a les tours encore plus convexes, plus finement treillissés que *L. nassula*; l'ouverture n'est pas entière dans l'individu figuré, de sorte que je ne puis vérifier si ce n'est pas plutôt une *Colina*.

252. — **Triforis major**, Meyer. Espèce caractérisée par ses trois rangées inégales de crénelures tranchantes, celles du bas plus grandes, celles de haut plus saillantes, celles du milieu à peine formées et plus rapprochées de la rampe inférieure, j'en possède deux fragments, l'un de Claiborne, et l'autre de Newton que m'a envoyé M. Meyer: ils sont identiques.

253. — **Triforis similis**, Meyer. Je n'ai pas d'individus de cette espèce, mais d'après la figure il me semble difficile de la confondre avec la précédente, puisque c'est un *Epetrium*, tandis que l'autre, est une *Ogivia*, Harr. et Burr. Comme le propose M. de Gregorio, *T. Meyeri* n'en est qu'une variété.

254. — **Triforis distinctus**, Meyer. Coquille facile à distinguer de la précédente par ses tours plus convexes, ornés de trois séries de granulations; elle doit être d'une extrème rareté à Claiborne et je n'en ai jamais trouvé.

255. — **Chenopus gracilis**, Meyer. Je signale cette espèce, quoiqu'elle n'existe pas à Claiborne, mais à Greggs Landing (Alabama), probablement au même niveau: elle diffère de *C. speciosus* par ses costules plus droites et par son aile non digitée.

256. — **Rimella laqueata**, (Conrad). Aucun des quatre individus que je possède de cette espèce ne ressemble exactement à notre *R. canalis* (Lamk. *Strombus*): ils ont tous une forme plus trapue et plus conique, leurs costules axiales se prolongent moins loin sur la base du dernier tour, et elles sont un peu plus serrées; enfin le labre est moins dilaté en avant et son échancrure est plus obsolète: je ne puis donc admettre la réunion de l'espèce d'Amérique à celle du bassin de Paris; d'autre part on ne peut la confondre avec *R. plana*, Beyr., qui a une forme plus élancée et la spire entièrement treillissée. Comme les deux espèces que nous venons de citer, *R. laqueata* doit être classé dans le groupe *Ectinochilus* que j'ai cru nécessaire de séparer des *Gallinula*. Je ne suis pas bien certain que le nom *laqueata* doit prévaloir sur *Cuvieri* Lea, ce dernier étant accompagné d'une bonne figure qui permet de reconnaître l'espèce.

257. — **Gladius velatus**, (Conr.) Le sous genre *Calyptraphorus*, dont cette espèce est le type, a pour synonyme *Cyclomolops* Gabb., et contrairement à ce que je pensais, le nom de Conrad est antérieur (1869) de sorte qu'il prévaut sur lui. Cette espèce est très différente selon que la spire est ou n'est pas recouverte par l'expansion de la callosité labiale: quand les tours sont dégarnis et costulés, on prendrait la coquille pour une espèce très différente des individus presque entièrement vernissés qui représentent l'âge adulte.

258. — **Gladius trinodiferus**, (Conrad). C'est avec beaucoup d'hésitation que je conserve cette espèce qui ne se distingue des individus adultes de *G. velatus* que par les deux callosités noduleuses qui existent sur le dernier tour, de chaque côté de l'ouverture, de sorte que la coquille a l'air comprimée et beaucoup plus trapue que l'autre, quand on l'examine de face. Je crois devoir y réunir *Calyptraphorus quidest*, de Greg., dont les nodosités sont seulement plus obsolètes.

259. — **Liorhynus prerutus**, Conrad? Coquille très douteuse, probablement incomplète, et dont il est téméraire de faire le type d'un genre nouveau, comme l'a fait Conrad; le labre n'est pas ailé et ce n'est que par la rectitude du canal qu'un peut supposer qu'elle appartient à la même famille que les trois espèces précédentes.

260. — **Cypræa alabamensis**, de Greg. Je ne possède aucune *Cypræa* de Claiborne, ce n'est donc que par la comparaison de la figure de cette coquille avec mes *C. media* d'Anvers que je puis me guider pour affirmer que la coquille de Claiborne ne peut être rapprochée de la nôtre, même à titre de variété: la coquille parisienne est beaucoup plus allongée surtout du côté antérieur où la columelle se termine par un crochet coudé beaucoup plus développé; en outre la figure donnée par M. de Gregorio indique une carène externe, limitant le bord columellaire, qui n'existe pas dans *C. media*.

261. — **Cypræa Smithi**, Aldr. C'est sans doute par erreur d'impression que M. de Gregorio compare cette espèce assez étroite à *C. obesa* du bassin de Paris, qui est très convexe; autant que l'on en peut juger par la figure d'Aldrich, elle ressemble plutôt à *C. hiantula*, nobis, quoiqu'elle ait l'ouverture plus resserrée au milieu.

262. — **Cypræa lintea**, Conrad. Cette jolie *Cypræa*, qui n'est pas signalée à Claiborne, a beaucoup d'analogie avec *C. sulcosa*, Lamk, quoiqu'elle soit moins étroite et ornée de sillons plus fins.

263. — **Cypræa fenestralis**, Conrad. Espèce comparée à notre *C. elegans* et sur laquelle je ne puis donner mon opinion, car je ne la possède pas, non plus que l'ouvrage où elle a été figurée.

264. — **Pirula cancellata**, Lea (= *F. elegantissima*, Lea, et *penitus*, Conr.). Dans le V⁰ fascicule de mon Catalogue de l'Eocène (p. 68) j'ai admis l'opinion qui consiste à réunir cette espèce à notre *P. tricarinata*, Lamk. Maintenant que je suis en possession de trois individus de cette espèce rare à Claiborne, je change complètement d'avis: elle est beaucoup plus étroite et moins globuleuse que la coquille parisienne, sa spire est plus longue; quant à l'ornementation, en admettant que quelques individus adultes paraissent tricarénés (ce que je ne constate pas sur mon plus grand échantillon qui mesure 24 mill. de longueur), jamais ces carènes ne sont aussi saillantes que dans *P. tricarinata*, et en outre les cordons spiraux sont beaucoup plus serrés, plus équidistants; c'est donc une espèce bien distincte, qui diffère aussi de *P. nexilis*, Sol., par sa spire bien plus allongée, de sorte qu'il faut lui conserver le premier des deux noms proposés par Lea pour deux formes identiques; la dénomination *penitus*, Conr., aurait, il est vrai, la priorité, puis qu'elle date de 1832; mais, comme l'auteur lui-même l'a abandonnée pour lui substituer *tri-*

carinata et que sa figure (1832) ne représente pas la forme que j'ai sous les yeux, il me paraît plus correct d'adopter le nom de Lea..

265. — Semicassis Sowerbyi, (Lea). Cette jolie espèce n'est pas aussi rare que le croit M. de Gregorio ; j'en a recueilli une dizaine d'exemplaires bien complets, de sorte que je puis compléter la diagnose qu'il en a donnée : c'est une coquille ovale, globuleuse, composée de six tours, les premiers lisses et un peu convexes, les suivants sillonnés, ou plutôt ornés de rubans aplatis, égaux à leurs interstices, dans les quels se voient de fines lamelles d'accroissement, obliques et très serrées. Dernier tour égal aux trois quarts de la longueur ; ouverture semilunaire, profondément échancrée à la base du canal ; labre épaissi à l'intérieur, obtusément plissé ; columelle excavée, obliquement tordue en avant ; bord columellaire largement étalé, muni de sept fortes rides antérieures et d'autres plis irréguliers et plus courts en arrière. Longueur, 17 mill. ; diamètre, 11 mill.

266. — Cassis brevicostata, Conr. Doit être d'une extrême rareté, car je n'en ai jamais trouvé le moindre fragment dans le sable de Claiborne . je le regrette d'autant plus que j'aurais pu dessiner cette espèce qui n'a jamais été figurée.

267. — Cassidaria trisorialis, (Whitf.) L'auteur a classé cette espèce dans le genre *Fulgur*: d'après la figure, je pense, comme M. de Gregorio, que ce doit être plutôt une *Cassidaria* du groupe de *C. Buchi*.

268. — Cassidaria dubia. Aldr. Ce n'est qu'un simple fragment de l'ouverture, de sorte que l'on ne peut utilement comparer cette espèce à ses congénères.

269. — Triton Showalteri, Conrad. Je ne crois pas que cette espèce existe à Claiborne, Conrad s'est borné à indiquer Alabama comme provenance ; il l'a classée dans le sous genre *Simpulum* et elle y paraît mieux à sa place, à cause de carène spirale sur le dernier tour, que dans le sous-genre *Epidromus*, composé d'espèces allongées et cancellées.

270. — Triton etopsis, Conrad. Cette coquille est un *Epidromus* bien caractérisé ; je fais, quant à sa provenance, la même observation que pour la précédente.

271. — Triton ? exilis, Conrad. Il est très peu certain que cette petite coquille soit un *Triton* ; la figure très défectueuse de Conrad représente un individu bucciniforme, à canal tellement court que s'il n'y a pas de mutilation, il est difficile d'admettre que ce soit un membre de la famille *Tritonidæ* ou même *Muricidæ*.

. **272. — Ranella pyramidata**, (Lea). Cette espèce doit être très rare à Claiborne où je n'en fai jamais trouvé de fragment ; sa double rangée de varices continues ne permet pas de la confondre avec *Triton otopsis*, qui a à peu près la même ornementation.

273. — Ranella Maclurii, Conr. La reproduction de la figure de Conrad représente une coquille lisse, tandis que la diagnose décrit une coquille cancellée, de sorte qu'il n'est pas certain que ce ne soit pas la même espèce que la précédente.

274. — Ranella Tuomeyi, Aldr. Remarquable par sa forme conique et son dernier tour anguleux, elle ne paraît pas, d'après la figure, être munie du canal postérieur de l'ouverture, qui caractérise le genre *Ranella* et en particulier le sous genre *Argobuccinum*; cependant elle possède deux rangées de varices qui se succèdent d'un tour à l'autre.

275. — Persona septemradiata, (Gabb.) Jolie espèce, du gisement de Newton, dont M. Meyer m'a envoyé deux individus, dont l'un surtout est irrégulièrement bossu et tordu, comme le sont en général les *Persona* ; en outre, le bord columellaire s'étale assez largement, formant nen lame mince qui se détache du canal et est munie de cinq fortes rides transverses, prolongées obtusément jusque sur la columelle laquelle est carénée. L'ornementation se compose de quatre larges rubans portant des nodosités granuleuses à l'intersection des côtes axiales, et dont les intervalles sont finement sillonnés ; le labre épaissi à l'intérieur, porte sept fortes dents presque équidistantes.

276. — Murex engonatus, Conrad. Espèce polygonale, à varices se succédant d'un tour à l'autre, signalée à Claiborne, mais dont je n'ai jamais recueilli le moindre fragment.

277. — Murex vanuxemi, Conrad. Elle paraît se distinguer de la précédente par sa spire plus allongée et par son dernier tour plus court.

278. — Murex Mantelli, Conrad. C'est une magnifique espèce très analogue à notre *M. asper*, mais distincte par le nombre plus grand de ses varices et par son ornementation spirale plus accentuée. Je n'en jamais trouvé qu'un fragment du dernier tour, tellement incomplet que je ne l'ai même pas jugé digne d'être conservé ; mais j'en conclus qu'elle est excessivement rare à Claiborne.

279. — Murex mcruhm, Conrad. (= *M. Matthewsensis* Aldr. ?) Analogue à notre *M. calcitrapoides*, quoiqu' avec des épines moins saillantes ; elle n'est probablement pas de Claiborne.

280. — Murex migus, de Greg. (= *M. stetopus*, de Greg. et *tingarus*, de Greg.). Moins heureux que l'auteur, je ne possède de cette espèce que quatre individus incomplets ou mutilés, dont aucun n'a l'ouverture entière ; il m'est donc difficile de reconnaître à quel sous genre elle se rapporte ; cependant, d'après son ornementation à peine foliacée, je pense que ce dont être un *Muricopsis*. Elle se distingue du *Fusus bellus* par ses rubans plus écartés, un peu crépus à l'intersection de très fines lamelles axiales, qui sont surtout visibles dans les intervalles des rubans ; les côtés axiales sont arrondies et à peu près égales. La spire est plus ou moins allongée, mais il ne faut pas attacher trop d'importance à ces variations ; les individus courts représentent la var. *stetopus*, ceux plus allongés la var. *tingarus*, mais toutes ces formes appartiennent bien à la même espèce.

281. — Muretriton grassator, de Greg, Le type de ce genre, intermédiaire entre les *Murex* et les *Triton*, me paraît beaucoup plus voisin des premiers que des seconds ; son ornementation a même beaucoup d'analogie avec celle de l'espèce précédente, mais le labre porte cinq dents à l'intérieur aulieu des petits plis serrés du *M. migus* ; en outre la rampe suturale du dernier tour ne porte aucun cordon spiral. J'en ai un seul individu, auquel il manque l'ouverture.

282. — Odontopolys compsorhytus, Gabb. C'est dans le voisinage des *Murex* que l'on classe habituellement cette singulière coquille muricoïde, munie de plis à la columelle, de dents au labre et de varices au nombre de trois sur le dernier tour, je n'ai malheureusement aucun individu me permettant de discuter ce classement.

283. — Typhis alternatus, (Lea). Espèce assez rare, beaucoup plus allongée que *T. tubifer* du bassin de Paris ; mes exemplaires de Claiborne, même les plus frais, ne portent aucune trace d'ornementation axiale, ni des rides qu'indique Lea : il est probable qu'il aura confondu avec des accroissements irréguliers.

284. — Columbella elevata, (Lea). La description que Lea a donnée de son *Fasciolaria elevata*, indique l'existence de plis columellaires, qu'il a cru apercevoir et qui l'ont induit en erreur : la columelle très excavée est absolument lisse et il n'y a de crénelures que sur le bord externe, à l'intérieur du labre : c'est une coquille assez trapue, dont les tours de la spire sont étagés et dont les sutures sont surmontées d'un petit sillon spiral, souvent indistinct; la base du dernier tour est peu convexe et concentriquement sillonnée. Tous ces caractères répondent exactement à la diagnose de Lea, il n'y a pas d'hésitation sur l'identification de cette espèce et par conséquent, je ne vois pas la nécessité de séparer sous le nom *incunctabilis*, de Greg. les individus de Claiborne qui ont la columelle lisse, puisqu' ils l' ont tous.

Loc. Claiborne (pl. II, fig. 20) ma coll.

285. — Columbella turriculata, Whitf. Beaucoup plus étroite et plus subulée que la précédente, elle s'en distingue par ses tours plans, non étagés, par ses sutures simples et linéaires, par son bord columellaire beaucoup moins excavé, et par son canal moins court. On la trouve à Claiborne, avec la précédente, ainsi qu'à Jackson. C'est probablement à cette espèce qu'on doit rapporter le fragment décrit comme *Cerithium misgum* par M. de Gregorio et qui n'a pas la moindre ressemblance avec les *Cerithidae*.

Loc. Claiborne (pl. II, fig. 22) ma coll.

286. — Dentiterebra prima, Meyer. Ce genre diffère des *Columbella* à côtes axiales, par sa columelle finement striée; mais il s'en rapproche par tous les autres caractères, et par son aspect général. Elle doit être très rare à Claiborne car je n'en ai jamais trouvé le moindre fragment. Il est probable qu'il faut y réunir *Cerithium miturum* de Greg. qui n'en est qu'un petit individu un peu plus trapu que le type.

287. — Truncaria spirata, (Meyer). Cette petite espèce de Jackson, que l'auteur a décrite comme *Cerithioderma*, me paraît une *Truncaria* qui a même beaucoup de ressemblance avec notre *T. insolita* des sables de Cuise : c'est le même embryon et la même troncature columellaire, mais l'espèce Américaine paraît être plus trapue et formée de tours un peu plus convexes.

288. — Lacinia alveata, Conrad. Le genre *Lacinia* a donné lieu à des opinions diverses : Conrad, en le créant, l'a classé dans les *Purpuridæ*, Tryon dans les *Buccinidæ*, et Fischer dans les *Turbinellidæ*, comme sous genre de *Melongena*. Je me rallie absolument à la manière de voir de Tryon, car le canal large et court est entamé par une très profonde échancrure, à la quelle aboutit un gros bourrelet dorsal qui contourne la région ombilicale : les *Melongena* ont seulement le canal large, jamais échancré, et les *Purpura* n'ont pas ce bourrelet buccinoïde. *L. alveata* est d'ailleurs caractérisé par ses sillons d'accroissement extrêmement serrés et sinueux, coupés par quelques cordons spiraux inégalement distribués sur le dernier tour. C'est une très belle espèce, excessivement rare à Claiborne, où je n'en ai trouvé qu'un seul individu.

289. — Pseudoliva vetusta, Conrad. Espèce très variable, qui appartient bien au genre *Pseudoliva* par sa forme et par son sillon dorsal ; M. de Gregorio a donné une excellente série de figures représentant toutes les variétés de cette coquille, et prouvant qu'on doit y réunir *Monoceros piruloides* et *fusiformis*, Lea. Elle se distingue de nos espèces parisiennes par sa spire ornée au sommet de sillons spiraux qui ne persistent pas toujours sur le dernier tour, et de costules axiales qui s'effacent sur l'avant-dernier.

290. — Pseudoliva scalina, Heilprin. Espèce non citée à Claiborne et que je ne possède pas.

291. — Pseudoliva tuberculifera, Conrad. L'auteur a simplement indiqué comme provenance Alabama ; toutefois, je crois pourvoir y rapporter une petite coquille de Claiborne, un peu moins trapue que la figure donnée par Conrad, et ornée de sillons spiraux qui séparent d'assez larges rubans ; elle porte aussi des costules axiales, qui sont très obsolètes sur le dernier tour ; l'embryon forme un bouton lisse et globuleux à l'extrémité de la spire. Je crois qu'il est intéressant de figurer cet échantillon (pl. 11, fig. 13).

292. — Pseudoliva unicarinata, Aldr. Voisine de la précédente, mais plus trapue, celle ci paraît propre au gisement de Matthew's Landing.

293. — Buccinanops subglobosum, (Conrad). Comme l'a fait observer M. de Gregorio, cette coquille a la plus grande analogie avec *Ancilla Cossmanni* ! (= *Buccinanops patulum*) d'Auvers : toutefois la coquille américaine est plus globuleuse, moins étroite, moins comprimée et sa spire forme, sur la convexité du dernier tour, un petit bouton saillant que l'usure a probablement fait disparaître sur les échantillons très roulés de nos gisements éocéniques. Ainsi que je l'ai fait remarquer (Catal. Eoc. IV, p. 134) il n'est pas admissible de classer ces espèces dans le genre *Ancilla*, dont elles n'ont pas le bord columellaire ; leur place est tout indiquée dans le genre *Buccinanops*, sous-genre *Bullia*, c'est à dire dans la famille *Buccinidæ*, à côté des *Pseudoliva* dont elles se distinguent par l'absence de sillon dorsal.

294. — Buccinanops altile, (Conrad). De même que l'espèce précédente, celle ci ne peut être classée dans le genre *Ancilla* ; sa spire conique la distingue d'ailleurs de l'espèce précédente ; ne possédant aucun individu de cette espèce, je n'ai pu vérifier si elle est comprimée dans le sens de l'épaisseur, on sait que c'est l'un des caractères des *Bullia* ; Conrad, dont la fécondité n'avait pas de limites, lorsqu'il s'agissait de créer des genres nouveaux, avait désigné ces deux coquilles sous le nom *Ancillopsis* ; mais cette dénomination (1865) est postérieure à *Buccinanops* et à *Bullia* : tout au plus pourrait on l' adopter comme sous genre de *Buccinanops*. Il est possible que *B. priamopse*, de Greg. ne soit qu'un jeune individu de cette espèce.

295. — Nassa cancellata, Lea. Espèce assez commune à Claiborne et extrêmement variable ; la figure qu'en donne Lea est très exacte, de sorte que les dénominations *sagena*, Conr. et *texana* Gabb, tombent en synonymie. Je ne vois d'ailleurs aucune nécessité d'adopter les genres *Buccitriton* et *Sagenella* qu'a successivement proposés Conrad : tout au plus pourrait on admettre le premier de ces deux noms, comme une simple section du genre *Nassa*, à cause de la forme particulière de l'embryon qui se compose de trois ou quatre tours lisses et étroits, convexes, formant une pointe caractéristique analogue à celle que nous avons signalée dans le genre *Suessonia*, et différente du sommet obtus des véritables *Nassa* ; seulement la columelle est tordue par une carène antérieure identique à celle des *Nassa* et pas par un pli oblique comme dans le genre *Phos*, elle est au contraire tronquée presque horizontalement, tandisque *Suessionia exigua*, Desh. se termine par un véritable canal obliquement contourné. *Nassa cancellata* est élégamment treillissé par des cordonnets spiraux, plus serrés sur la rampe inférieure de chaque tour et par des côtes axiales, plus ou moins rapprochées, se transformant quelquefois en varices, décrivant un crochet sur la rampe inférieure et chargées de crénelures à l'intersection du bourrelet qui surmonte la suture. Comme cette ornementation change presque chaque individu, je ne vois pas l'utilité d'admettre les variétés *sapidum* de Greg. et *molitum*, parce que, si l'on entre dans cette voie, il faut en nommer un beaucoup plus grand nombre, et il n'y aura plus de limites. J'ajoute qu'il faut y réunir *Buccinum confiscatum* de Greg. et *lucrifactum*, le premier a les côtes plus serrées, et le second plus écartées que dans le type. Quant à *B. mangonizatum*, de Greg. dont le sommet est cassé, j'ai moins de certitude, et il faudrait voir la coquille au lieu de la figure.

296. — Cominella ? iteranda, (de Greg.) Ce n'est pas sans hésitation que j'ai classé cette espèce dans un genre différent de celui auquel j'ai rapporté la précédente, car elle a la même ornementation que la variété *confiscata*, le même embryon que nos *Suessionia ;* mais, au lieu d'avoir le canal tronqué et la columelle carénée, elle a un canal tordu et plus allongé, terminé par une échancrure a laquelle aboutit un sillon dorsal encadré de deux petites carènes, comme cela a lieu dans le genre *Cominella :* ce sont des caractères hybrides qui sont très embarrassants ; l'individu que je décris vient de Gregg's Landing et m'a été envoyé par M. Meyer avec le nom *Buccinum sagena,* et cependant ce n'est évidemment pas une *Nassa cancellata.*

297. — Tritonidea triformopsis, (de Greg.) (= *Bucc. prostratum, impectens,* de Greg.) L'auteur dit que c'est une espèce très répandue à Claiborne, et je n'en ai pas recueilli un seul exemplaire, de sorte que je crains qu'il y ait une confusion avec des variétés de *Nassa cancellata ;* cependant la diagnose et les figures indiquent bien que les côtes ne sont pas sinueuses en arrière, que les cordonnets spiraux sont bien plus écartés, enfin que la columelle est plus obliquement tordue et surtout munie de plis ou de rides qui n'existent que dans les *Tritonidea ;* la figure 5 de la pl. VII représente un individu typique qui a beaucoup de ressemblance avec notre *Tritonidea subambigua* des sables de Cuise, et aussi avec *T. decepta* Desh. auquel le compare d'ailleurs M. de Gregorio : il n'est pas possible de le confondre avec une *Nassa,* et cependant parmi uns nombreux échantillons de *N. cancellata,* il n'y en a pas un seul qui ait le canal contourné et la columelle ridée de ce *T. triformopsis ;* c'est une anomalie que je m'explique pas.

298. — Pisania dubia, Aldr. Je crois que cette espèce est bien à sa place dans le genre *Pisania* dont elle a tout à fait l'apparence, quoique la figure ni la description ne mentionne la dent caractéristique qui devrait exister à la partie postérieure de la columelle.

299. — Algrus claibornensis, (Whitf.) D'après M. de Gregorio, cette espèce que Whitfield a décrite comme *Pisania* serait du genre *Algrus* dont le type est *P. crassa,* Bell. ; elle se distingue des *Pisania* typiques par sa forme plus turbinée, par son labre qui ne s'applique pas tangentiellement sur l'avant dernier tour et par l'étranglement que produisent, à la naissance du canal, deux protubérances située vis à vis l'une de l'autre, sur le labre et le bord columellaire. Elle doit être rare à Claiborne où je ne l'ai jamais trouvée.

300. — Euthria constricta, (Aldr.) Du genre *Neptunea* où la classait Aldrich, cette espèce est transportée par M. de Gregorio dans le genre *Pisania,* c'est à dire dans le voisinage du genre *Euthria* auquel elle me parait appartenir, d'après l'excellente figure qu'en donne l'auteur.

301. — Laevibuccinum prorsum, Conrad. L'individu que je possède de cette espèce n'a malheureusement pas le sommet, de sorte qu'il m'est impossible de vérifier si l'embryon du type du genre *Laevibuccinum* est bien obtus comme dans les espèces du bassin de Paris que j'ai classées dans ce genre ; toutefois la forme générale de cette coquille, qui ressemble un peu à la précédente, ne rappelle guère celle du *Bucc. cylindraceum* d'Aisy, de sorte que je crois bien qu'il faudra renoncer à l'assimilation que j'avais faite entre ces deux formes.

302. — Siphonalia perlata, (Conrad). Classée par Conrad dans le genre *Strepsidura,* cette espèce ne un parait pas devoir y être conservée, puisque, d'après la diagnose et la figure, elle a la columelle lisse. Elle ressemble à plusieurs des *Siphonalia* de notre Eocène (*S. Mariae* par ex.), mais pour plus de certitude, il faudrait examiner si l'embryon est lisse et papilleux, et si la columelle ne porte aucune trace de plis. Il est probable qu'il faut également classer dans le genre *Siphonalia* le *Strepsidura lintea,* Conr.; mais il est impossible de rien affirmer, cette espèce n'étant figurée que du côté du dos.

303. — Suessionia bella, Conrad). Pour le classement générique de cette espèce et de celles qui vont suivre, je renvoie le lecteur à ce que j'ai écrit en proposant le genre *Suessionia* (Catal. Eoc. IV, p. 161) qui a pour type *Fusus exiguus,* Desh. Les espèces américaines que j'assimile à celle des sables du Soissonnais, ont comme elle l'embryon pointu des *Raphitoma,* le canal tordu quoique plus allongé, la columelle munie de deux ou trois rides, et le labre crénelé à l'intérieur ; par conséquent je crois qu'il ne faut pas attacher trop d'importance à la longueur plus ou moins grande du canal, d'autant plus qu'il est rare de trouver des individus dont le canal soit absolument intact.

Ce n'est pas sans difficulté que je suis parvenu à définir la forme typique à laquelle il y a lieu d'attribuer le nom spécifique de *Fusus bellus,* Conrad : il se trouve précisément que ce n'est pas la plus répandue à Claiborne, elle est caractérisée par sa forme étroite et allongée, surtout par ses cordonnets très serrés, parfaitement égaux, séparés par de fins sillons et finement crénelés par des lignes d'accroissement à peine visibles ; les côtes axiales sont arrondies, écartées, obliquement sinueuses et ondulent la suture ; la torsion de la columelle est assez adoucie ; il y a environ neuf crénelures à l'intérieur du labre. C'est bien à cette espèce qu'il faut réunir *Fusus crebrissimus,* Lea, dont la diagnose répond bien à la description que je viens de donner, tandis que la figure de Conrad est au contraire plus exacte que celle de l'ouvrage de Lea ; cela supprimera d'ailleurs un barbarisme.

304. — Suessionia magnocostata, (Lea). M. de Gregorio en fait une variété de l'espèce précédente ; je crois cependant que Lea a eu raison de la séparer parce qu'elle s'en distingue par des caractères constants: d'abord par sa forme moins étroite, par ses tours subanguleux, par ses côtes plus droites, ne modifiant pas la suture, enfin par ses cordons plus gros, beaucoup moins serrés, séparés par des sillons plus larges ; la torsion de la columelle est plus brusque.

305. — Suessionia Delabechei, (Lea) (= *Fusus tupus*) de Greg.) Cette espèce s'écarte tout à fait des précédentes, quoiqu'elle ait le même aspect, à cause de son ornementation spirale formée de cordons plus écartés, dont les intervalles sont finement treillissés par des lamelles d'accroissement ; ses tours sont plus anguleux et une rampe déclive surmonte les sutures. C'est la plus commune des *Suessionia* de Claiborne.

306. — Suessionia gracilis, (Aldr.) Beaucoup plus étroite et plus rare, que les précédentes, elle a un peu de ressemblance avec *Siphonalia scalaroides* du bassin de Paris ; mais c'est encore une *Suessionia* caractérisée par ses côtes droites et minces, plus nombreuses que celles de *S. bella* et ne modifiant par les sutures, par ses cordonnets écartés comme ceux de *S. Delabechei* et par son canal peu tordu ; le labre porte une douzaine de crénelures internes.

307. — Strepsidura inaurata, (Conr.) Dans le compte rendu que j'ai fait du travail de M. de Gregorio (Ann. géol. 1890. p. 998), j'ai émis l'opinion que le *Bulbifusus inauratus* était identique à *Fusus bulbiformis*, Lamk. qui est un *Sycum*, tout en reconnaissant que le canal de l'espèce américaine, est beaucoup plus étroit, plus long et plus arqué. Un nouvel examen des échantillons au lieu des figures modifie complètement cette manière de voir: les quatre individus que je possède de cette espèce, portant deux plis columellaires très obliques et tellement obsolètes, qu'ils ont dû échapper à l'examen de ceux qui ont examiné superficiellement la coquille ; j'en conclus que c'est bien une *Strepsidura*, d'ailleurs les premiers tours sont anguleux et crénelés près de la suture antérieure, ce qui n'a jamais lieu dans le genre *Sycum*. Il y a donc lieu de considérer désormais la dénomination *Bulbifusus* comme synonyme de *Strepsidura* qui est antérieure. Quant à la synonymie de l'espèce, je suis bien d'accord pour y rapporter *Fusus Filtoni*, Lea, qui est identique; mais j'ai beaucoup plus de doute au suje de *F. parvus* et surtout de *F. minor*, Lea, qui ont tous deux le canal bien plus court et plus large que *Strepsidura inaurata* ; pour se prononcer, il faudrait avoir les individus sous les yeux or je n'ai rien trouvé à Claiborne qui réponde exactement aux deux espèces de Lea et je crains que ce ne soient des échantillons jeunes ou incomplets d'autres espèces connues.

308. — Cornuliria armigera, (Conrad). En décrivant cette belle espèce qu'il a d'abord placée dans le genre *Monoceros*, Conrad la rapproche de *Fusus minax*, Lamk et par conséquent du genre *Melongena ;* toutefois on peut admettre, ainsi que le fait Fischer, le genre *Cornuliria*, parce qu'il se distingue des *Melongena* par l'existence d'un sillon dorsal analogue à celui des *Pseudoliva* ; mais tous ses autres caractères, l'ornementation formée d'épines, le canal court et très recourbé, le bourrelet qui s'y enroule sur le dos, sont ceux des *Melongena* et il n'est pas admissible qu'on place cette coquille dans les *Pseudolividae*.

309. — Melongena Cooperi, (Conrad). Je ne connais cette espèce que par la figure qu'en donne Conrad, je ne suis même pas du tout certain qu'elle soit de Claiborne, ni de l'Eocène ; mais, ce que je puis affirmer, c'est que ce n'est pas un *Clavifusus*, dans le sens que Conrad attachait à ce genre, quand il l'a créé pour son *Fusus altilis :* en effet *Fusus Cooperi* a un canal large court, avec un gros bourrelet dorsal qui laisse entrouverte la fente ombilicale: l'ornementation est la même que dans les espèces du groupe *Pugilina*.

310. — Tudicla papillata, (Conrad). Conformément à l'opinion de Fischer, le genre *Papillina*, Conr. est synonyme postérieur de *Tudicla* ; l'aspect de *Fusus papillatus* est le même que celui de *T. rusticula* et la spire se termine, au sommet, par le même bouton embryonnaire obtus et lisse. Je n'ai jamais trouvé à Claiborne, le moindre fragment de cette espèce.

311. — Piropsis perula, Aldr. Je cite cette espèce, quoiqu'elle soit de l'Eocène de Wood's Bluff, parce qu'il est intéressant de faire remarquer que le genre *Piropsis* doit être rapproché des *Tudicla*, dont il s'écarte par son sommet non papilleux, par son labre non plissé et par sa columelle lisse. M. de Gregorio fait remarquer avec raison que l'ornementation de cette coquille ressemble à celle des *Muricidae* et sa forme à celle de *M. brandaris*, Pusch. ; mais la coquille américaine parait dénuée de varices et il ne serait pas admissible que la fossilisation les ait fait totalement disparaître, ainsi que le suggère dubitativement M. de Gregorio.

312. — Semifusus trabeatus, (Conr.). Autant que je puis en juger d'après la figure, cette espèce présente bien les caractères de la coquille vivante *Semifusus ternatanus*, quoique l'ornementation rappelle plutôt celle de *S. pugilinus*.

313. — Ptychatractus thalloides, (Conr.). C'est encore une espèce pour le classement de laquelle je ne puis me guider d'après sa ressemblance avec celles de nos coquilles parisiennes que j'ai placées dans ce genre ; [ni la description, ni la figure ne font mention de plis columellaire ; mais, comme ils sont en général, très peu saillants, il est possible qu'ils aient échappé à Conrad, dont les diagnoses sont presque toujours incomplètes et écourtées.

314. — Mazzalina pirula, Conr. M. Fischer a classé ce genre auprès des *Latirus*, je lui trouve, en effet, beaucoup de ressemblance avec certaines *Leucozonia*, par ses plis columellaires et son labre sillonné à l'intérieur; c'est une espèce citée dans l'Alabama, mais je ne crois pas qu'elle existe à Claiborne, et c'est dommage, car j'aurais vivement désiré en donner une description plus sûre que celle qu'on peut faire d'après une figure plus ou moins exacte.

315. — Latirus biplicatus, Aldr. Espèce du gisement de Matthew's Landing, que je ne signale que pour faire remarquer que son canal échancré l'écarte complètement des *Cancellaria* aux quelles la compare M. de Gregorio.

316. — Latirus plicatus, (Lea). Je n'ai pas été plus heureux que M. de Gregorio, je n'ai pu recueillir dans le sable de Claiborne, aucun échantillon de cette rare espèce, qui appartient bien au sous-genre *Peristernia*, par ses plis columellaires, sa forme générale et son ornementation.

317. — Latirus humilior, (Meyer). Cette espèce n'est pas de Claiborne, mais de l'Eocène supérieur de Jackson, où elle été décrite aussi sous le nom *Fasciolaria jacksonensis*, Aldr.: si je la cite ici, c'est parce que je crois devoir y rapporter un individu de Wheelock que j'ai reçu sous le nom *Fasciol. Moorei*. Gabb; peut être ce dernier a t'il des nodosités plus saillantes à la partie antérieure des tours, et une rampe plus excavée à la partie inférieure, mais son ornementation, spirale est semblable à celle de *L. humilior*. Si l'identité était confirmée, c'est le nom de Gabb qu'il faudrait conserver.

318. — Leucozonia errabunda, (de Greg.). Ainsi que l'a fait remarquer l'auteur, cette coquille a quelque analogie avec *Fusus thoracicus*, Conr. ; mais, comme elle a le canal plus court, et des plis columellaires, elle appartient à un tout autre genre. Ses carènes spirales me décident à la placer dans le genre *Leucozonia* plutôt que dans le genre *Fasciolaria* où la classe M. de Gregorio : je n'en ai jamais trouvé dans le sable de Claiborne.

319. — Fasciolaria errasa, (Conr.). Ni la figure originale de Conrad, ni la description de M. de Gregorio, ne mentionnent l'existence des plis columellaires très obliques et peu saillants, que je remarque sur tous les échantillons que je possède de cette espèce ; ces plis prennent naissance tout à fait à l'intérieur de la callosité du bord columellaire. de sorte qu'on ne peut les apercevoir facilement que quand la coquille est mutilée, mais ils s'enroulent jusqu'au sommet de la coquille ; quant au labre, il est muni de plissements parallèles et assez allongés. Il en résulte que cette espèce appartient au genre *Fasciolaria* et qu'elle ne peut être classée parmi les *Neptunea*, d'ailleurs elle n'a pas l'embryon caractéristique des coquilles de ce dernier genre.

320. — Streptochetus limula, (Conrad). Cette coquille ressemble par son ornementation, par son canal recourbé, par son embryon globuleux et lisse, aux espèces parisiennes que j'ai classées dans un nouveau genre *Streptochetus*: il est inadmissible de la rapporter au genre *Strepsidura*, et je ne puis comprendre comment on la rapproche de *Sucsivionia bella* qui a l'embryon pointu, la columelle ridée, et une ornementation bien diférente ; ici ce sont des côtes noduleuses sur l'angle des tours, qu'on ne peut confondre avec les costules pincées que porte l'autre espèce. *Fusus acutus*, Lea est évidemment synonyme de cette espèce, mais le nom de Conrad paraît avoir la priorité dans la première édition de 1832 ; dans la second édition, Conrad cite l'espèce de Lea en synonymie et y ajoute *F. ornatus*, Lea qui y ressemble aussi et qui paraît un peu plus trapu.

321. — Clavilithes enterogramma, (Gabb). Je ne puis concevoir pourquoi M. de Gregorio a transporté cette grosse espèce dans le genre *Euspira* ; Gabb, et après lui Aldrichi, l'avaient classés dans les *Neptunea*, où elle est certes plus proche de sa vraie position : le canal manque dans le type figuré, mais on devine qu'il devait être droit et allongé ; la spire est lisse, mais moins étagée que celle de *C. maximus*, la coquille américaine a les tours plus convexes.

322. — Clavilithes raphanoides, (Conrad). Peut être cette coquille, dont l'auteur n'a figuré qu'un individu incomplet, n'est elle que le jeune âge de l'espèce précédente : elle paraît avoir, comme elle, les tours lisses et convexes, mais sa forme générale plus étroite. Je n'en ai jamais recueilli le moindre fragment.

323. — Clavilithes pactylourus, (Conrad). Ainsi que j'ai eu l'occasion de l'écrire à deux reprises (Annuaire géol. 1890, p. 998, et Catal. Eoc. V, 1892, p. 70) quoique je n'aie par les matériaux pour comparer, puisque je ne possède pas la coquille américaine, il me paraît que cette dernière différe de *C. conjunctus* du bassin de Paris par sa base moins excavée et par sa spire plus longue et moins conique ; aussi je pense qu'il serait plus prudent de conserver le nom de Conrad jusqu'à ce qu'on soit certain, autrement que par la comparaison des figures, que son espèce n'est qu'une variété de celle de Deshayes. Quant à l'assimilation de *C. laevigatus* et *conjunctus*, j'ai eu l'occasion de m'expliquer à ce sujet, c'est une proposition qui n'est pas soutenable ; si l'on devait effectuer la réunion de quelques *Clavilithes*, ce serait plutôt de *C. conjunctus* avec *C. deformis*.

324. — Clavilithes pretextus, (Conrad). Je suis bien de l'avis de M. de Gregorio, qui réunit à cette espèce *Fusus salebrosus* ; d'ailleurs Conrad, dans la description de *F. salebrosus*, avoue qu'il n'y a d'autre différence que la persistance des nodosités sur le dernier tour, c'est ce qui arrive presque toujours dans les jeunes *Clavilithes*, dont les côtes s'effacent quand ils atteignent l'âge adulte. Je n'en ai jamais trouvé qu'un seul fragment où les nodosités arrondies sont beaucoup plus saillantes que ne l'indique la figure de Conrad ; les filets spiraux sont un peu plus écartés sur les nodosités que sur la rampe excavée qui surmonte la suture.

325. — Clavifusus stamineus, (Conrad). M. de Gregorio réunit à cette espèce *C. altilis*, Conrad, qui ne paraît en différer que par ses tubercules un peu plus écartés et plus épineux ; comme il est probable que cette différence n'est due qu'à l'âge des individus figurés cette réunion semble fondée. Quant au genre *Clavifusus* qui a été proposé pour ces deux espèces par Conrad, quelques auteurs le considèrent comme une simple section des *Fusus* ; je ne suis pas de cet avis et je crois au contraire que c'est un genre distinct parce que le bord columellaire est fortement infléchi en S que dans les véritables *Fusus* qui ont le canal tout à fait droit ; comme la columelle est lisse et il n'existe pas de plis au labre, on ne peut placer *C. stamineus* parmi les *Fasciolaria*, quoique la spire en ait un peu l'aspect ; son ornementation et la forme courte et conique de la spire l'écartent absolument des *Streptochetus*, d'ailleurs l'embryon ne paraît pas être globuleux ; il a le canal moins long que les *Clavilithes* et la spire bien différente, de sorte que, faute de pouvoir le rapporter à aucun des genres existants, je crois qu'il est très légitime d'admettre le genre *Clavifusus*, Conrad.

326. — Lirofusus thoracicus, (Conrad). Le nom de Conrad, qui date de la 1ère édition (1832) paraît avoir la priorité sur *F. decussatus*, Lea et sur *F. bicarinatus*, Lea qui sont évidemment synonymes, le second étant le jeune âge du premier ; ce sont précisément ces deux dénominations de Lea qui ont motivé la correction faite par Bayan pour deux espèces du bassin de Paris (*F. Lamberti* et *ditropis*). Cette élégante espèce, ornée d'accroissements lamelleux qui rappellent le genre *Trophon*, est extrêmement rare, je n'en ai trouvé que trois fragments et aucun n'est entier.

Le genre *Lirofusus*, Conrad, est classé par Fischer comme section des *Fusus* ; mais le canal est moins droit et la spire bien plus courte ; la forme générale de la coquille ressemble bien plus à celle des *Clavifurus*, et j'aurais même proposé la réunion des deux genres, si l'ornementation des *Lirofusus* ne présentait pas un caractère tout particulier, aucun rapport avec celle des *Clavifusus*. Dans ces conditions, il paraît assez légitime de conserver les deux genres distincts, et de les classer à la suite l'un de l'autre.

327. — Lirofusus mississipiensis ? (Conrad). L'individu que je rapporte dubitativement à cette espèce a la spire beaucoup plus courte que la coquille figurée par M. de Gregorio sous le nom var. *tepus*, (pl. VI, fig. 9) ; néanmoins comme les détails de l'ornementation répondent à la description et à la diagnose latine de la page 80, je serais tenté de croire qu'il y a probablement eu une erreur du dessinateur, qui a exagéré les proportions de cette coquille. La pointe manque sur mon échantillon, mais le canal paraît complet, et il mesure 14 mill. de longueur pour un diamètre de 7 millim.

Entre les costules axiales et arrondies sont un grand nombre de lamelles d'accroissement très serrés qui s'interrompent sur les rubans spiraux ; cette ornementation rappelle beaucoup celle de *Fusus thoracicus*, et comme le canal allongé présente la même inflexion, je crois qu'on peut classer légitimement cet deux espèces dans le même genre *Lirofusus*. Il m'a paru utile de donner une nouvelle figure exacte de mon échantillon (pl. II, fig. 11).

328. — Latirofusus pulcher, (Lea). Quoique l'individu figuré comme type soit incomplet et qu'il lui manque une partie de la spire, je n'hésite pas à le rapporter au genre qui a pour type *Fusus funiculosus*, Lamk ; il n'est pas fait mention de plis columellaires et la figure de Lea n'en indique pas, mais il se peut qu'ils lui aient échappé.

329. — Exilia pergracilis, Conrad. Il n'est pas certain que cette espèce, qui est le type du genre *Exilia*, soit de Claiborne, mais il est probable qu'elle est du moins éocénique ; car elle est évidemment synonyme de *Fasciolaria pergracilis*, Aldr. qui est citée à Gregg's Landing. Quant au genre *Exilia*, Fischer n'en fait qu'une simple section des *Fusus*, dont se rapproche *E. pergracilis* à cause de son canal droit et de sa spire allongée ; toutefois l'ornementation des tours est absolument différente et je crois, par conséquent, qu'on peut provisoirement adopter *Exilia*, jusqu'à ce qu'un examen plus approfondi des autres caractères, par exemple de l'embryon, ait permis de trancher cette question d'une manière plus certaine.

330 — Fusus Mortoni, Lea. Cette espèce, assez fréquente à Claiborne, a de l'analogie avec *F. gothicus*, Desh.; elle a le canal aussi droit, mais un peu moins allongé : en outre, entre les cordonnets principaux, il n'y a pas de filets intermédiaires comme dans l'espèce parisienne ; enfin la rampe inférieure des tours de spire est ornée de filets plus fins. J'en possède un exemplaire de Newton, qui m'avait été envoyé sous le nom *mortoniopsis*, Gabb, et qui est identique aux individus de Claiborne.

331. — Fusus unicarinatus, Desh. (= *F. Meyeri*, Aldr. = *F. serratus*, Desh. *in* Greg. *non* Desh.) Après une minutieuse comparaison de la figure donnée par Aldrich avec les coquilles du bassin de Paris, je suis obligé de modifier ma première opinion sur l'assimilation de l'espèce d'Amérique ; c'est en effet au *F. unicarinatus* qu'il y a lieu de la rapporter, plutôt qu'au *F. serratus*, dont elle diffère par le nombre des filets que portent ses tours de spire au dessus de l'angle : *F. serratus* n'en a jamais plus qu'un au dessus et trois au dessous sur la rampe postérieure, tandis que la figure d'Aldrich indique trois filets en avant et quatre en arrière ; c'est à dire le même nombre que sur des tours de *F. unicarinatus* qui a, en outre, les costules plus arroudies et moins épineuses que *F. serratus*, et ce caractère le rapproche encore davantage de *F. Meyeri*. Celui ci étant cité à Wood's Bluff et à Matthew's Landing, il est possible que ces deux gisements ne soient pas tout à fait au même niveau que celui de Claiborne qui correspond mieux à notre calcaire grossier : on sait en effet que *F. unicarinatus* caractérise les sables du Soissonnais.

332. — Terebrifusus amœnus, (Conrad. J'ai recueilli environ une quinzaine d'individus de cette intéressant espèce, qui est le type du genre *Terebrifusus*, Conrad ; cet auteur ne l'a jamais figurée, et la figure que Lea donne de son *Terebra gracilis*, synonyme de *Buccinum amœnum*, est peu reconnaissable, de sorte que, tout en tranchant la question de priorité en faveur de Conrad qui avait publié sa description dès 1832, je crois utile de donner une figure exacte (pl. II, fig. 14) de cette coquille, afin de justifier la position du genre *Terebrifusus* entre les *Fusus* et les *Mitra*. Embryon conoïdal, un peu pointu, formé de quatre tours lisses et étroits ; ornementation composée de costules droites, peu épaisses et écartées, que croisent 7 filets réguliers, produisant de petites crénelures à leur intersection avec les côtes ; dans les intervalles il y a un très fin treillis de lignes d'accroissement et de stries spirales. Ouverture semblable à celles de *Mitra*, labre épaissi et lacinié à l'intérieur, bord columellaire muni d'une dizaine de plis fins et très obliques, souvent géminés ; canal presque nul, aussi large que l'ouverture et profondément échancré, contourné par un gros bourrelet. Aussi l'ornementation et l'embryon ont tout à fait l'aspect des *Buccinidæ*, tandis que les caractères de l'ouverture se rapprochent davantage des *Mitra* et même de quelques *Terebra* : en se fondant sur cette dernière affinité qui me paraît prépondérante, je propose de classer ce genre lybride dans les *Mitridæ*.

333. — Mitra mississipiensis, Conrad. (= *M. subconquisita*, de Greg.) Il me semble, d'après les figures que les individus que M. de Gregorio a figurés sous le nom *subconquisita* ne sont que le jeune âge de l'espèce de Conrad, dont les sillons s'effacent sur le dernier tour, quand la coquille atteint la taille adulte ; cependant je ne puis l'affirmer d'une manière certaine, n'ayant aucun échantillon qui réponde à ces descriptions, et d'ailleurs je ne suis même pas sûr que ce soient des fossiles éocéniques ; il se peut qu'ils proviennent du niveau vicksburgien, c'est à dire de l'Oligocène.

334. — Mitra pactilis, Conrad. Comme le fait remarquer M. de Gregorio, cette espèce a beaucoup d'affinité avec notre *M. labratula*, Lamk, quoiqu'elle ne paraisse pas avoir le labre aussi épais ni tuberculeux à l'intérieur ; elle est évidemment du même groupe c'est à dire du sous genre *Mitreola* qui a pour type *M. labratula*. Elle doit être d'une extrême rareté à Claiborne, car je ne l'y ai pas trouvée.

335. — Turricula dubia, (H. Lea). C'est une belle espèce, très variable selon l'âge, et dont l'embryon globuleux, lisse et arrondi, ne peut pas appartenir au genre *Mitra*, parce que les espèces de ce genre ont la pointe aiguë. Au contraire, j'ai remarqué que la plupart des *Turricula* vivantes ont le sommet obtus, et ce caractère différentiel pourra désormais guider les paléontologistes qui n'ont pas à leur disposition l'animal pour distinguer les *Mitra* des *Turricula*. Les premiers tours de cette espèce, après l'embryon, sont costulés ; bientôt ces costules se transforment en une double rangée de plis noduleux, séparés par une dépression médiane, et enfin sur les individus adultes, tandis que les plis de la suture s'effacent ceux du milieu des derniers tours deviennent tranchants, subépineux, et contribuent à rendre le tours anguleux ; toute la surface est élégamment ornée de stries spirales, plus écartées sur les premiers tours, plus serrées et presque effacées sur les derniers ; la columelle porte quatre gros plis, l'antérieur oblique, le trois autres transverses, parallèles et presque égaux. Je possède un individu adulte (28 m/m.) de Jackson, qui m' a été envoyé sous le nom *M. dumosa* (?) par M. Meyer, et deux jeunes échantillons recueillis dans les sables de Claiborne.

336. — Conomitra fusoides, (Lea). Cette espèce est le type du genre *Conomitra*, Conrad, que Fischer classe parmi les *Turricula*; et qui est représenté aussi dans l' Eocène du bassin de Paris et de Londre (*M. fusellina, graniformis, parva* etc.) ; j'ai remarqué que les espèces de ce genre ont le sommet papilleux, bien différent de celui des *Mitra*, et qu'elles sont mieux à leur place à côté des *Turricula* ; comme d'ailleurs il s'agit d'une forme qui n'est connue jusqu'ici qu'à l'état fossile, et dont l'aspect est tout à fait spécial, je ne crois pas de motif pour ne pas admettre *Conomitra* comme un genre distinct. *C. fusoides* est extrêmement variable par son ornementation : quelques individus sont absolument lisses, à peine marqués d'un sillon sutural, qui est au contraire profondément gravé sur d'autres échantillons, tandis que d'autres portent de petites costules persistant plus ou moins sur les derniers tours, et dont les sillons séparatifs sont finement ponctués par des stries spirales ; il y en a quelques uns qui ne portent que ces stries, avec quelques plis vagues d'accroissement. Tous ont la columelle invariablement munie de quatre plis peu obliques. C'est pour les individus presque lisses que M. de Gregorio a proposé la var. *lepa*. Ainsi que je l'ai fait remarquer dans l'Annuaire Géologique (T. VII, 1890, p. 997), cette espèce ressemble plus à notre *C. Vincenti* qu'à *C. graniformis* qui n'a jamais de stries spirales ; mais la coquille américaine se distingue de celle de l' Eocène supérieur du Ruel par ses stries plus fines.

337. — Fusimitra perexilis, (Conrad). De même que le genre *Conomitra*, celui-ci est à rapprocher des *Turricula* à cause de l'embryon papilleux obtus au sommet et subcylindrique pendant deux ou trois tours ; toutefois je ne crois pas qu'on puisse considérer *Conomitra* et *Fusimitra* comme des sous genres de *Turricula*, à cause de la différence notable de leur plication columellaire et à cause de la forme générale de la coquille. Ni la figure de Conrad, ni la diagnose de M. de Gregorio ne fait mention des sillons spiraux qui ornent la base du dernier tour et s'enroulent sur le dos du canal ; ce caractère, ainsi que la proportion beaucoup plus grande du dernier tour, suffisent pour distinguer facilement *F. perexilis* de *F. terebellum* auquel on l'a comparé.

338. — Fusimitra minima, (Lea). La figure de l'ouvrage de Lea représente un individu plus trapu que ne le sont ordinairement les *F. minima*, et ressemblant un peu à *F. perexilis* ; mais dans sa diagnose, l'auteur indique l'existence de quatre plis columellaire, tandis que l'espèce précédente n'en a jamais que trois ; en outre, — ce qui est beaucoup plus important, — le dernier tour est plus court et sa base est tout à fait différente , au lieu de sillons spiraux, *F. minima* porte autour du canal trois larges bourrelets qui sont, en quelque sorte, le prolongement des plis columellaires ; à ce point de vue, elle ressemble donc davantage à notre *F. terebellum*, quoiqu'elle s'en distingue par la plication columellaire, par sa spire un peu moins allongée, enfin par son canal moins tordu.

339. — Fusimitra lineata, (Lea). M. de Gregorio compare cette espèce à *M. crebricostata*, Lamk. qui appartient à un tout autre genre : c'est de *M. Barbieri* qu'il faut plutôt la rapprocher, quoiqu'elle s'en distingue par ses plis plus persistants et plus droits.

Il est inutile d'y faire une variété *terplicata*, car la columelle porte bien trois plis et une quatrième torsion antérieure extrêmement faible, de sorte que la diagnose de Lea est exacte ; les deux plis, postérieurs se prolongent en bourrelets s'enroulent au tour du canal c'est d'ailleurs le caractère typique de la plupart des *Fusimitra*. Mon unique échantillon a le sommet de la spire cassé, il m'est donc impossible de vérifier si l'embryon est obtus, comme dans les espèces précédentes.

340. — Fusimitra cincta, (Meyer) (= *Mitra gracilis*, H. Lea ?) Cette espèce, dont je regrette de ne posséder aucun exemplaire, doit être classée dans le même genre que la précédente dont elle se distingue par ses tours étagés et par l'effacement de sesplis axiaux sur les derniers tours. Dans sa diagnose l'auteur indique bien que les plis columellaires se prolongent sur la base de la coquille ; le labre est plissé à l'intérieur, exactement comme dans *F. Gaudyri* du bassin de Paris, seulement l'ornementation de cette dernière espèce la distingue de celle de Claiborne. Quant à la priorité de nom de Lea sur celui de Meyer, je n'ai pas les éléments nécessaires pour trancher la question ; la figure de H. Lea n'a pas été reproduite, mais Meyer fait remarquer qu' elle représente un individu très jeune, de sorte que le doute lui était permis et qu'il vaut mieux conserver provisoirement le nom *cincta*, qui correspond à une forme parfaitement définie.

341. — Pyramimitra terebriformis, (Conrad) (= *Terebra costata* Lea, *non* Borson = *T. Leai*, de Greg). Le genre *Pyramimitra*, Conrad présente des caractères très embarrassants: Fischer ne le cite pas, Tryon en fait un synonyme de *Terebra* et M. de Gregorio le place à la suite de ce dernier ; il me paraît impossible de classer *Pyramimitra* dans les *Terebridæ*, dont la columelle est simple, puisque *P. terebriformis* a deux plis columellaires très saillants ; l'embryon est conique, lisse et pointu comme dans les *Suessionia*, l'ornementation est composée de quatre carènes spirales, écartées, ondulées, par de larges costules obsolètes un peu obliques, et de très fines stries d'accroissement un peu courbées au milieu, sans aucune sinuosité près de la suture ; par conséquent l'aspect extérieur de cette coquille ressemble à celui des *Fusidæ*, mais la columelle porte deux larges plis columellaires peu semblables à ceux des *Latirus*, tandis que la brièveté du canal et la longueur de la spire rappellent beaucoup les *Fusimitra*, qui ont aussi le labre denticulé à l'intérieur. Peut être cette singulière forme serait elle mieux à sa place dans les *Fasciolariidæ*, en tous cas son embryon ne permet pas de la classer dans les *Turbinellidae*. La figure de Lea est identique à celle de Conrad, mais le nom *costata* qu'il avait donné à cette espèce, ne pouvant être conservé pour cause de double emploi, c'est le nom *terebriformis* qui dont prévaloir, et on ne peut admettre la correction *Leai*, proposée par M. de Gregorio.

342. — Cryptocherda Mohri, (Aldr.). Il est intéressant de constater que le *Buccinum stromboides* n'est plus l'unique représentant de ce genre classé dans les *Volutidae*, l' espèce américaine a la spire plus allongée que celle du bassin de Paris, mais elle s' en rapproche par tous ses autres caractères, surface vernissée, épaississement du labre, extension de la callosité columellaire, columelle très obliquement tordue, plis lamelleux sur le dos du canal antérieur.

343. — Voluta Cooperi, Lea. Cette espèce, pour la quelle je suis d'avis, comme le propose M. de Gregorio, d'adopter le nom de Lea, de préférence à celui de Conrad qui lui a successivement donné deux noms différents, appartient au sous genre *Caricella*, Conrad. Fischer ne cite pas *Caricella* et Tryon le classe dans les *Turbinellidae*, quoique les plis minces et nombreux (il yen a quatre ou cinq) soient tout à fait semblables à ceux des *Volutidae* ; l'embryon est globuleux et obtus, ainsi que cela se présente dans les deux familles ; le canal est peu échancré en avant et, par ce caractère, les *Caricella* ont en effet un peu plus d'analogie avec les *Turbinella* ; cependant, dans les *Volutida*, les *Aurinia* n'ont presque pas d'échancrure, par conséquent il faut attacher à ce caractère moins d'importance qu'à la disposition des plis columellaires. A l'appui de cette opinion, je dois d'ailleurs citer l'excellent révision des *Volutidæ* qu'a faite M. Dall. : dans ce travail, il classe les *Caricella* dans la *Scaphelloïd* série, et considère le genre de Conrad comme le précurseur des *Scaphella* miocènes (Trans. of the Wagner Inst. 1890, p. 70). En ce qui concerne plus particulièrement V. *Cooperi*, je remarque qu'aucun auteur n'a signalé les plis axiaux qui ornent la partie inférieure du dernier tour ; la spire se réduit presque à l'embryon globuleux et aplati ; des stries spirales s'enroulent sor la base, enfin la columelle porte 5 plis, comme l'indique Lea ; il y a lieu de supprimer V. *cogitabunda*, que M. de Gregorio a séparée à cause des plis axiaux qui ornent la phériphérie du dernier tour : ces plis existent dans tous mes échantillons de *V. Cooperi*.

344· — **Voluta piruloides**, (Conrad). C'est avec raison que M. de Gregorio à réuni *V. bolaris* à *V. piruloides*, et comme elle n'en est que le jeune âge, on ne peut même pas conserver cette dénomination comme variété ; il n'est de même des quatre espèces que Lea a décrites, *Voluta Parkinsoni* et *striata*, *Mitra Humboldti* et *Flemingi* ; c'est en effet une coquille assez commune et par conséquent variable, non seulement par ses proportions, mais encore par sa surface tantôt entièrement striée, tantôt à peu près lisse surtout le dernier tour, sauf à la base ; en général, les individus adultes sont ventrus, à spire courte, tandis que jusqu'à la taille de 2 centimètres de longueur, ils conservent une forme plus étroite : il y a cependant de petits individus piriformes plus trapus que la forme *bolaris* ; quant aux stries très fines qui ornent toute la surface des jeunes échantillons, elles disparaissent ordinairement sur le milieu du dernier tour des individus adultes. A tout âge, la columelle porte quatre plis identiques et le sommet est formé d'un gros bouton embryonnaire lisse et arrondi ; la restauration de l'extrémité de la spire des espèces figurée par Lea, est d'autant plus manifeste qu'en leur attribuant un sommet pointu, le dessinateur a commis une création hybride et inadmissible, c'est à dire une coquille dont la spire est celle d'un *Volutilithes* et dont la plication columellaire est celle d'une *Caricella*. Je suis convaincu qu'il faut aussi rapporter à la même espèce V. *praetenuis* Conrad, qui ne diffère du type que par l'existence de fines rides d'accroissement ; mais je suis beaucoup moins affirmatif en ce qui concerne *V. reticulata*, Aldr. qui n'a plus la même forme et qui, d'après l'auteur, a cinq plis columellaires, et dont la figure indique un sommet pointu, de sorte que la coquille appartient probablement à un tout autre genre de *Volutidae*.

345. — **Volutilithes limopsis**, Conrad. Espèce du groupe de *V. crenulifer* et *scabriculus*, de l'Eocène d'Europe ; la plication columellaire a été mal indiquée par le dessinateur et la diagnose indique trois plis, ce qui ne correspondrait pas au genre *Volutilithes* qui comporte deux plis principaux très obliques, et d'autres plis secondaires, placés plus en arrière ; je ne puis élucider cette question, ne possédant pas cette espèce, qui est citée seulement comme provenant da l'Alabama, sans indication du gisement.

346. — **Volutilithes petrosus**, (Conrad). Cette espèce a été mieux comprise par Conrad que par Lea qui lui a donné trois noms différents, selon l'âge, V. *Vanuxemi* pour la taille adulte, V. *gracilis* et *parva* pour les jeunes individus. Elle ne ressemble pas à V. *ventricosus* du bassin de Paris, auquel la compare M. de Gregorio, et même elle se rapproche moins de V. *spinosus*, Lamk., que de V. *depauperatus* Sow. ; toutefois cette dernière à la spire plus longue que l'espèce américaine qui a des sillons spiraux plus serrés, crénelant plus finement les côtes ; enfin elle est moins déprimée et plus ornée que V. *depressus*, Lamk.

347. — **Volutilithes Sayanus**, (Conrad). On la distingue de la précédente par sa forme plus étroite et plus élancée, par ses côtes moins noduleuses et moins épineuses ; c'est avec celle-ci qu'il faut identifier V. *Defrancei*, Lea et avec la précédente. Dans le bassin de Paris, l'espèce la plus voisine de V. *Sayanus* est V. *[ambiguus*, Sol., quoique celle-ci ait des côtes beaucoup plus saillantes, se prolongeant davantage sur le dernier tour, et des sillons spiraux plus écartés, plus profonds que ceux de la coquille de Claiborne. Quant à V. *teplica*, de Greg, c'est un fragment indéterminable qu'il serait plus prudent de rapporter provisoirement à V. *Sayanus*.

348. — **Marginella constricta**, Conrad. Je n'ai recueilli qu'un seul individu mutilé de cette rare espèce, mais cela suffit pour me permettre d'affirmer que ce n'est pas une espèce douteuse, et qu'on ne peut la confondre avec M. *eburnea* du bassin de Paris : d'abord elle a le labre intérieurement crénelé, tandis que celui de notre espèce parisienne est lisse ; en outre la spire est plus courte dans la coquille de Claiborne ; la columelle porte cinq plis, les quatre premiers écrasés à leur naissance, le cinquième plus à l'intérieur, plus large et plus calleux.

349. — **Marginella constrictoides**, Meyer et Aldr. (Tert fauna of Newton a. Wautubbee p. 6, pl. II, fig. 10). Cette espèce que M. Meyer m'a envoyée, du gisement de Morton, et la spire plus longue que la précédente et le bord crénelé comme elle ; mais elle s'en distingue par ses 4 plis columellaires plus minces et plus obliques, les deux premiers surtout.

350. — **Marginella crassilabra**, Conrad. (= *M. humerosa*, Conr. = *M. crassilabra*, Lea = *M. columba*, Lea). Comme l'indique M. de Gregorio, la priorité de *crassilabra* sur *humerosa* appartiendrait à Lea, si le nom *crassilabra* n'avait pas été employé par Conrad lui même pour l'espèce que Lea a décrite sous le nom *anatina* ; celle ci ressemble beaucoup à l'*Erato laevis* ; mais elle se distingue des *Erato* par deux caractères, d'abord l'échancrure qui existe au point de jonction du labre avec l'avant dernier tour, ensuite la callosité qui s'enroule sur le dos du canal antérieur de l'ouverture, comme dans le sous genre *Cryptospira*. Dans sa diagnose de *M. humerosa*, Conrad indique 4 plis ; mais il y en a cinq dans les jeunes individus et à ces plis s'ajoutent, sur les adultes, plusieurs rides transverses sur la partie postérieure de la columelle, de sorte qu'ils présentent à peu près la disposition de *M. crassilabra*, Conrad (= *M. anatina*, Lea). Il est donc probable que cette dernière est synonyme de l'autre, et que l'individu figuré par Conrad, avait une callosité columellaire tout à fait anormale ; j'éprouve la même hésitation en ce qui concerne *M. columba*, Lea qui doit être identique à *M. humerosa*. Quant à *M. incurva*, Lea, c'est évidemment un individu incomplet. Dans ces conditions, le nom *humerosa* qui est le plus récent, doit disparaître et il y a lieu de ne retenir que *Crassilabra*, Conrad.

351. — Marginella larvata, Conrad. Cette espèce se distingue non seulement par sa grande taille (taille max. 17 mill.), mais même quand elle est jeune, par sa forme étroite, allongée, et par ses plis columellaires nombreux, huit ou neuf, dont les derniers en arrière sont souvent très obsolètes ; le labre est quelquefois replié sur lui même. à peine bordé à l'extérieur, et garni à l'intérieur de fines crénelures ; quant à la spire, elle est tout à fait rétuse, sans aucun saillie, et le contour du dernier tour est régulièrement ovale du côté postérieur ; le canal antérieur est très profondément échancré, sa surface dorsale est garnie d'un bourrelet qui aboutit à l'échancrure. Si on compare cette espèce à notre *M. oculata*, Lamk., on trouve qu'elle a la spire plus courte, et les plis plus nombreux qu'ils ne sont même dans la variété *polyptycta* de l'espèc parisienne.

352. — Marginella semen, Lea. C'est avec raison que, contrairement à l'opinion de Conrad qui la considérait comme le jeune âge de l'espèce précédent, Lea a séparé *M. semen* qui est caractérisé, non seulement par sa taille beaucoup plus petite, mais encore par sa forme plus ovale, par sa spire un peu plus élevée, et enfin surtout par le nombre de ses plis columellaires qui ne dépasse jamais six. Cette espèce extrêmement voisine de *M. oculata*, quoiqu'elle ait cependant la spire imoins saillante ; par sa plication columellaire elle se rapproche aussi de *M. pusilla*, Edw. qui a, comme elle, les deux plis antérieurs plus épais que les autres, mais l'espèce américaine a le contour du dernier tour moins arrondi que celle de Barton. Il arrive quelquefois que l'épiderme se décortique par la fossilisation et on distingue alors quelques cercles spiraux assez réguliers, qui m'avaient d'abord fait croire à l'existence d'une espèce différente, à ornementation semblable à celle des *Erato* ; mais il n'en est rien, c'est tout simplement *M. semen* usé.

353. — Marginella plicata, Lea. Outre les plis axiaux qui ornent la partie postérieure de son dernier tour, cette espèce se distingue facilement de la précédente, même quand ces plis sont presque effacés, par sa forme plus courte et plus trigone, par sa spire plus aplatie, enfin par ses six plis columellaires, plus égaux entre eux. Quoiqu'elle soit beaucoup moins commune que *M. semen*, elle est plus fréquente que ne parait le croire M. de Gregorio, car j'en ai trouvé plus de cinquante échantillons dans 100 kilogr. de sable.

354. — Olivella alabamiensis, (Conrad). Ainsi que je l'ai déjà fait remarquer (Catal. Éoc. V, p, 79 et Annnaire géol. 1890, VI, p. 995) il n'est pas possible de confondre cette espèce avec *O. nitidula* du bassin de Paris : non seulement la taille et l'épaisseur du fossile américain sont plus grandes, mais notre coquille a la spire plus allongée, les tours plus élevés et le bourrelet sutural plus épais que les individus de Claiborne ; il y a encore d'autres différences dans la plication columellaire et dans la disposition des zones dorsales, de sorte qu'il faut conserver le nom *alabamiensis*, Conrad. C'est une espèce très commune, et comme le fait remarquer Conrad, on doit y réunir non seulement *O. Grenoughi* Lea, mais encore *O. dubia* et *gracilis* Lea, qui n'en sont que le jeune âge ; c'est donc doublement une erreur que d'assimiler *O. dubia* à *O. mitreola*, Lamk., qui ne lui ressemble pas.

355. — Olivella Phillipsi, (Lea). Espèce à spire plus courte que la précédente, moins ventrue cependant que *O. Branderi* ; elle doit être excessivement rare à Claiborne, car je n'en ai jamais vu la moindre trace.

356. — Olivella bombylis, (Conrad). Cette espèce se rapproche davantage de notre *O. mitreola*, du moins par sa forme étroite et élancée, car sa plication columellaire est tout à fait différente : au lieu de quatre petites rides antérieures et d'un gros pli postérieur, elle porte trois gros plis bifides, celui du milieu se subdivise même quelquefois en trois rides.

357. — Oliva piatonica, de Greg. Je ne possède pas cette belle espèce qui, d'ailleurs, n'est peut être pas du gisement de Claiborne, car l'auteur n'en a pas indiqué la provenance ; d'après la figure, elle paraît être une *Oliva* véritable, à cause des plis nombreux que porte la columelle. Il est possible que *O. antelucana* et *Ancilla pinaculina*, de Gregorio ne soient que le jeune âge de cette espèce ; je ne puis donner aucun renseignement sur ces deux coquilles dont l'origine n'est pas mentionnée par M. de Gregorio.

358. — Ancillina scamba, (Conrad). C'est une espèce très singulière que je ne puis classer que dans le genre *Ancillina*, Bell. 1882, à cause de sa columelle lisse et excavée au milieu, faiblement tordue en avant, recouverte d'une callosité épaisse, de laquelle se détache, à peu près au milieu, un bourrelet anguleux qui aboutit à l'un des côtés de l'échancrure : c'est à peu près la même disposition que dans *A. pusilla*, Fuchs, qui est le type du genre de Bellardi ; cependant l'auteur ne dit pas si les premiers tours sont costulés, comme cela a lieu dans l'espèce américaine ; celle ci a en outre les tours étagés par une rampe qui surmonte la suture, tandis qu'*A. pusilla* est fusiforme, avec les tours faiblement excavés. Malgré ces différences spécifiques, je crois qu'on peut appliquer le genre de Bellardi à la coquille de Claiborne. Ainsi qu'on va le voir ci-après, il n'y a aucune confusion possible entre cette rare espèce et *A. limneoides* qui appartient à un autre genre.

359. — Ancillina plicata, (Lea). Non seulement cette coquille est du même genre que la précédente, mais j'ai même hésité, à l'en séparer, pensant d'abord qu'elle n'en était que le jeune âge ; toutefois après un examen plus approfondi de mes deux échantillons, dont l'un mesure 12 mill. de longueur, j'ai constaté que les tours sont plus subulés et que les costules axiales persistent davantage ; la callosité columellaire est aussi un peu plus épaisse : Mais on ne sera bien sûr de cette distinction que quand on aura trouvé de jeunes *A. scamba* avec les tours bien excavés : on les cinq individus que j'ai recueillis de l'espèce de Conrad ont tous atteint leur taille adulte, j'ajouteque, pour beaucoup d'espèces, Lea qui n'avait pas été lui-même au gisement de Claiborne, n'a décrit que de jeunes individus, tandis que Conrad a trouvé, dans ses fouilles sur place, de bien plus beaux échantillons.

360. — Monoptygma limneoides, (Conr.). (= *M. alabamiensis*, Lea) Il y a identité complète entre les deux formes que je réunis, et malgré qu'il soit regrettable de supprimer le nom *alabamiensis*, qui est le type du genre *Monoptygma*, il faut reprendre la dénomination *limneoides* qui a le droit de priorité. En tous cas, il n'est pas possible de confondre cette espèce avec *A. scamba* dont la columelle est lisse et excavée, tandis que les *Monoptygma* ont un gros pli médian, très saillant, qui se détache sur un contour columellaire à peine creusé ; en outre il n'y a aucun bourrelet autour du canal ; enfin la spire est lisse, conique, subulée, au lieu des costules axiales et des sutures excavées d'*A. scamba.* C'est une espèce assez rare, dont j'ai seulement 10 échantillons, dont le plus gros (21 mill. de longueur) est ventru et moins subulé que les jeunes individus : la callosité columellaire y est très épaisse, dans l'angle inférieur de l'ouverture ; enfin une rampe analogue à celle d'*A. scamba* accompagne la suture du dernier tour. Je crois donc qu'il y a lieu de réunir à *M. limneoides,* l'espèce décrite par Conrad comme distincte, sous le nom *curta.*

361. — Olivula staminea, Conrad. Ainsi que le fait remarquer M. de Gregorio, cette coquille a beaucoup d'analogie avec notre *Ancillarina canalifera,* Lamk., elle appartient évidemment au même genre et comme la coquille parisienne est le type du genre *Ancillarina,* Bell., (1882), il en résulte que ce genre tombe en synonyme de *Olivula,* Conrad 1833, qui a d'ailleurs indiqué lui même que *A. canalifera* doit être classé dans son nouveau genre. Quant à identifier les deux espèces et à faire de l'une une variété de l'autre, simplement distincte par ses stries spirales, cela n'est pas admissible , il y a des différences spécifiques bien caractérisées dans la forme de l'ouverture, qui est plus dilatée dans l'espèce de Lamarck, dans la position de la suture du dernier tour qui est bien plus en avant dans la coquille américaine, mais qui se termine brièvement, au lieu de remonter le long du labre qui est replié et adhérent au dernier tour sur cinq ou six millimètres dans l'espèce parisienne : il en résulte que celle ci paraît avoir l'ouverture beaucoup plus courte, terminée en arrière par un long canal postérieur ; enfin les plis columellaires sont beaucoup plus nombreux et plus fins sur *O. staminea.*

362. — Trigonostoma babylonicum, (Lea). Caractérisée par sa spire lisse dès les premiers tours ; quant aux épines qui ornent la carène limitant la rampe suturale, elles sont rarement assez bien conservées pour être aussi saillantes que l'indique la figure de Lea. Je n'en ai trouvé que deux fragments.

363. — Trigonostoma gemmatum, (Conrad). Beaucoup plus allongée que la précédente, elle s'en distingue par ses costules obliques, persistant jusqu'au dernier tour, ainsi que sur la rampe suturale, qui n'est pas ornée d'épines, mais simplement crénelée par les côtés ; en outre les deux plis columellaires sont beaucoup plus saillants que ceux de *T. babylonicum ;* enfin l'ombilic est moins largement ouvert. Elle est aussi rare que la précédente ; mon unique individu a la spire et l'ouverture mutilés.

364. — Trigonostoma impressum, (Conrad) (= *propegemmatum.* de Greg.). Aussi allongée que la précédente, munie d'un ombilic beaucoup plus large, elle s'en distingue surtout par la nature de ses côtes moins serrées, plus droites sur la partie antérieure des tours, généralement effacées sur le dernier tour, quand les individus atteignent leur taille adulte ; ceux qui ne sont pas encore complètement développés conservent ces côtes, et ce sont eux que M. de Gregorio a désignés sous le nom *propegemmata,* mais je ne crois pas que l'on puisse admettre cette dénomination même à titre de variété, car c'est bien l'espèce que Conrad avait en vue, quand il écrivait que le dernier tour est lisse sauf une ou deux côtes : cela dépend de l'age de la coquille. La columelle porte deux gros plis presque parallèles et est tordue en avant ; le labre est marqué, à l'intérieur, d'environ quinze rides parallèles. Cette espèce n'est pas très rare dans le sable de Claiborne.

365. — Babylonella alveata, (Conrad). C'est la moins rare des *Cancellariidæ* de Claiborne : elle est caractérisée par ses tours anguleux à la partie postérieure, par ses filets spiraux plus serrés sur la rampe inférieure que sur la partie antérieure des tours, par ses costules droites et crénelées à l'intersection des filets, par son ouverture égale aux deux cinquièmes de la longueur totale, par ses trois plis columellaires très peu obliques, enfin par une fente ombilicale en partie recouverte par la callosité du bord de la columelle ; le labre épaissi à l'intérieur porte de nombreuses rides parallèles. et il existe en général une dent pariétale à la partie postérieure de l'ouverture. *C. sculptura* et *tessellata,* Lea sont évidemment des synonymes de cette espèce. Quant au genre *Babylonella,* il a été proposé par Conrad pour les coquilles non variqueuses, à spire élevée, dont la columelle est munie de trois plis peu obliques, dont l'échancrure antérieure est à peine canaliculée. Il est très probable qu'il faut aussi réunir à la même espèce *C. plicata* Lea, qui est un jeune individu dont les tours paraissent plus étagés et les côtes plus serrées, et enfin *C. pulcherrima,* Lea qui est usé et paraît lisse.

366. — Babylonella elevata, (Lea). Cette coquille se distingue à première vue de l'espèce précédente ; d'abord elle n'a pas les tours anguleux, mais convexes ; puis son ouverture est à peine égale au tiers de la longueur totale ; sa forme est plus étroite, ses plis columellaires sont moins parallèles, celui du milieu est plus oblique ; enfin la fente ombilicale est à peu près entièrement recouverte par le bord columellaire. J'en possède deux individus, dont l'un parfaitement entier m'a permis de confirmer l'opinion de Conrad qui a maintenu cette espèce distincte de la sienne.

367. — Babylonella costata, (Lea). La figure de Lea n'est pas exacte et représente un individu trop trapu qui ressemble à *B. alveata ;* mais, si l'on se reporte à la diagnose, on constate que l'auteur a bien signalé l'existence de côtes droites, non croisées par des stries spirales, sauf à la base du dernier tour, ainsi que la rampe suturale crénelée par ces côtes : ces caractères sont exactement ceux de l'unique individu que j'ai recueilli, sa columelle porte trois plis obliques, peu saillants, presque parallèles.

368. — Sveltella parva, (Lea). J'ai établi (Catal. Eoc. IV, p. 226) cette nouvelle coupe pour un groupe de coquilles, en général de petite taille, dont la columelle n'est munie que de deux plis, sans aucune torsion antérieure, et dont l'ouverture n'est ni échancrée ni canaliculée en avant ; enfin l'ornementation spirale se compose généralement de stries séparant des rubans arrondis, et de costules obliques, entremêlées de varices : tous ces caractères sont assez tranchés pour que les *Sveltella* puissent former un genre bien distinct des *Cancellaria.* L'espèce américaine se distingue de *S. quantula* (type de ce genre) par son ornementation et par son ouverture plus arrondie en avant ; elle est plus étroite que *C. Bezançoni,* de Raincourt. Il est probable qu'il faut y réunir *C. percostata,* de Greg. qui paraît avoir les deux plis caractéristique de ce genre.

369. — Sveltella turritissima, Meyer. Beaucoup plus étroite que la précédente, autant que je puis en juger par la figure, car je ne possède pas cette espèce qui paraît avoir deux très gros plis columellaires.

370. — Uxia pearlensis, (Meyer et Aldr.). (Belt. z. Kennt. Miss. u. Alab. p. 7, pl. I, fig. 4). Espèce très voisine de notre *C. infraeocoenica*, ornée comme elle de quatre filets spiraux (10 sur le dernier tour et la base) qui produisent des crénelures noueuses sur les côtes axiales, mais qui ne remontent pas sur les grosses varices disséminées sur la spire ; ouverture échancrée, avec trois gros plis columellaires et une dent pariétale ; le labre est beaucoup plus bord que dans l'espèce parisienne et armé d'un plus grand nombre de crénelures internes ; enfin la suture est étagée par une rampe qui n' existe pas sur *C. infraeocoenica*, dont les tours sont convexes. Le genre *Uxia* a été proposé par Jousseaume pour des fossiles se distinguant des *Cancellaria* par leurs varices et par leurs côtes crénelées.

371. — Admete tertiplica, (Conrad). Cette espèce est beaucoup plus ventrue que *C. dubia* avec lequel la confond M. de Gregorio, elle n'a pas tours étagés comme l'espèce parisienne et son ornementation n'est pas la même ; comme je l'ai fait remarquer (Catal. Eoc. IV, p. 73) il n'est pas admissible qu'on réunisse des *Cancellaria* par la simple comparaison des dessins qui sont plus ou moins exacts, surtout quand les différences sont aussi tranchées que dans le cas dont il s'agit. Tant ce qu'on peut affirmer, c'est que ces deux formes appartiennent au même sous-genre *Admetula* nob., qui se distingue des *Admete* vivantes par l'épaisseur du test et par l'existence de varices sur la spire.

372. — Conus sauridens, Conrad. Ainsi que je l'ai fait remarquer (Cat. Eoc. V, p. 75) l'assimilation de cette espèce à notre *C. diversiformis* parait très douteuse ; d'abord la figure donnée par Conrad représente un individu beaucoup plus trapu que les échantillons qu'on recueille dans le calcaire grossier parisien ; en outre j'ai comparé des fragments de spire, que je possède de Claiborne avec ceux de même âge des environs de Paris, et j'ai constaté que les tours portent 6 ou 7 fins cordonnets spiraux, tandis qu'il y a à peine trois filets écartés sur ceux de *C. diversiformis*, qui paraissent d'ailleurs plus excavés que ceux de *C. sauridens* ; le bouton embryonnaire et lisse, ainsi que les crénelures des premiers tours sont semblables dans les deux espèces. Mais en résumé. je ne puis pas d'avis de les réunir, c'est un genre trop difficile pour ne pas tenir compte de ces petites différences. Quant à *C. subsauridens*, Conr. comme il n'est même pas sûr qu'il soit de l'Eocène, je ne puis me prononcer à son égard.

373. — Conus subdiadema, de Greg. (= *an potius C. alveatus*, Conr. 1865 ?) On la distingue de la précédente par sa spire plus élevée et plus conique ; elle a, comme elle les premiers tours crénelés, tandis que ces crénelures manquent sur *C. depsrditus* ; je suis donc d'avis qu'on peut séparer ces deux espèces et comme il n'est pas certain que *C. alveatus* soit identique, ni même que ce soit une espèce éocénique, le nom *subdiadema* peut-être maintenu jusqu'à plus ample informé ; mais il y a lieu d'y réunir *C. granopsis* de Greg., qui n'est que la pointe embryonnaire de la même espèce, aussi que je l'ai constaté sur l'un des deux individus que je possède de Claiborne.

374. — Conus improvidus, de Greg. Elle parait se distinguer de la précédente par sa spire plus subulée et par ses tours lisses, non étagés ; je ne l'ai pas recueillie dans le sable de Claiborne, où les *Conus* sont d'ailleurs d'une excessive rareté.

375. — Conus parvus, H. Lea (= *protractus*, Meyer). Lorsque M. de Gregorio a proposé le sous-genre *Conospirus*, qui a pour type *C. antediluvianus* Brug. , il y a réuni non seulement *C. stromboides*, qui est le type du sous genre antérieur *Hemiconus*, nobis, mais encore *C. crenulatus* et *sulcifer* qui, à mon avis, sont des *Stephanoconus*. Je n'ai du reste aucune objection à admettre la section *Conospirus* qui, dans l'Eocène parisien, est représentée par *C. Lebruni* et *parisiensis*, parce que ces deux espèces ont, comme *C. antediluvianus* un bourrelet plus ou moins crénelé, quelquefois bifide, sur l'angle du dernier tour, tandis que les *Stephanoconus* et les *Hemiconus* sont dépourvus de ce bourrelet ; en outre les *Conospirus* ont le dernier tour en grande partie lisse, avec de très profonds sillons enroulés seulement en avant, sur le dos du canal. J'ai sous les yeux des échantillons de *C. protractus* que M. Meyer m'a envoyés et qui proviennent de l'Eocène de Jackson : c'est tout à fait la même espèce que *C. parvus* et je pense, comme M. de Gregorio, qu'il faut les réunir.

376. — Conorbis alatoideus, Aldr. Les observations que fait M. de Gregorio sur la similitude des espèces fossiles de *Conorbis* et *Cryptoconus* sont assez justes ; cependant, à défaut de la section transversale qu'on ne peut pas toujours faire sur des échantillons rares ou uniques, j'ai indiqué (Catal. Eoc. IV, p. 239) un caractère qui permet de les distinguer à peu près sûrement, c'est le parallélisme des deux bords de l'ouverture dans les *Conorbis*, tandis que tous les *Cryptoconus* ont la columelle tordue, et par conséquent l'ouverture un peu plus large au milieu ; ils ont en outre une échancrure plus triangulaire près de la suture, tandis que celle des *Conorbis*, est plus arrondie. L'espèce figurée par Aldrich, mais non décrite (Prelim. rep. p. 32, pl. II, fig. 11) vient de Jackson et j'en possède un magnifique exemplaire, que m'a envoyé M. Meyer : je l'ai comparé a *C. alatus*, Edw. de Barton, qui est presque identique, mais qui est un peu plus ventrue, dont la spire a un contour plus curviligne, et les filets spiraux sont un peu moins serrés ; en outre l'espèce américaine porte, sur le milieu de chaque tour, un sillon ponctué qui fait défaut à l'espèce anglaise.

377. — Cryptoconus Conradi, de Greg. Celle ci parait être un véritable *Cryptoconus*, car les bords de l' ouverture sont loin d' être parallèles dans la figure de Conrad ; par le sillon qui accompagne la suture, elle se rapproche de *C. priscus* (*non clavicularis*, Lamk.) ; mais je ne puis indiquer les différences, car je n'ai jamais trouvé trace de cette rare espèce dans le sable de Claiborne.

378. — Zelia sativa, de Greg. Je ne possède pas cette espèce, mais d'après la figure, il me semble que le genre *Zelia* est assez distinct des *Borsonia* pour qu'on puisse l'en séparer complètement : le canal est plus allongé, les plis columellaires sont plus nombreux et plus obliques, l'ornementation est complètement différente, rappelant tout à fait celle de *Drillia elaborata*, Conr. à tel point que si l'auteur n'affirmait que son *Z. sativa*, est munis de plis columellaires j'aurais pensé qu'il y avait une erreur, causée par une mauvaise interprétation de l'espèce de Conrad ; mais comme celle ci a la columelle lisse des *Drillia*, je ne puis que faire un rapprochement entre l' aspect extérieur de ces deux coquilles. Au contraire, je ferai remarquer qu'il n'y a aucune ressemblance entre *Z. sativa* et *Borsonia lineata*, Edw. qui est une coquille ventrue, munie de deux gros plis columellaires transverses, et qu'on ne peut évidemment classer dans le genre *Zelia*, tel que l'auteur l'a défini : la coquille de Barton est une *Borsonia* bien caractérisée.

379. — Pseudotoma Heilprini, (Aldr.). Coquille de l'Eocène de Jackson, dont M. Meyer m'a envoyé un exemplaire et qui a tous les caractères du genre *Pseudotoma*, canal très court et large, columelle calleuse, non plissée, mais un peu sinueuse, échancrure a peine entaillée sur une large rampe suturale et excavée ; M. Aldrich (Prelim. rep, p. 29, pl. I, fig. 15) s'est borné à figurer cette espèce en rappelant seulement la description qu'il en avait précédemment donnée (J. Cinc. Soc. nat. hist. Juillet 1885). L'ornementation se compose de côtes noduleuses sur la partie antérieure des tours et de petits plis d'accroissement, plus serrés et plus saillants sur la rampe suturale, ainsi que de filets alternant de grosseur dans le sens spiral.

380. — Asthenotoma Meyeri, (Cossmann) (= *Pleurotoma Cossmanni*, Meyer, *non* de Raine.). J'ai déjà proposé cette modification (Catal. Soc. IV, p. 256) pour corriger un double emploi qui a échappé à M. Meyer, quand il a en la gracieuseté de me dédier cette espèce (Beitr. z. Kennt. Alttert. p. 3, pl. I, fig. 5). C'est une très petite espèce à embryon conique, formé d'une pointe papilleuse au sommet, puis de trois tours lisses, et de deux tours axialement costulés ; la spire est ornée de carènes spirales séparées par des intervalles excavés, au fond desquels les accroissements forment de petits plis curvilignes ; le canal est court, large, échancré à son extrémité ; le bord columellaire est calleux, droit, dénuée de plis ou de torsion. On sait que le nom *Oigotoma*, a dû être remplacé par *Asthenotoma*, Harr. et Burr. pour corriger un double emploi de nomenclature.

381. — Scobinella infans, (Meyer). L'auteur m'a envoyé quelques exemplaires de cette espèce, de sorte que je puis, après un examen minutieux de leurs caractères me faire une opinion sur leur classement générique ; M. Meyer compare cette espèce à la précédente à laquelle elle ressemble certainement, quoiqu'elle me paraisse appartenir à un genre différent à cause de la columelle qui porte des rides croissant d'avant en arrière, exactement comme Conrad l'indique dans la diagnose du genre *Scobinella*: en tous cas, il ne parait pas admissible de ranger cette coquille dans le sous-genre *Pleuroliria*, de Greg. qui a pour type P: *supramirifica*, de Greg., c'est à dire une coquille à canal allongé, dont l'embryon est tout à fait différent.

382. — Scobinella laeviplicata, Gabb. M. Meyer m'a envoyé un échantillon de cette coquille, provenant de l'Eocène du gisement de Jackson : elle est caractérisée par ses trois carènes spirales, deux rapprochées sur la partie antérieure des tours de spire, la troisième en arrière, près de la suture; entre les deux groupes est une gorge finement ornée d'accroissements curvilignes ; quatre gros plis horizontaux à l'intérieur du labre, et sur la columelle, d'avant en arrière, sept rides courtes, augmentant de grosseur et d'écartement, puis trois autres à peine visibles sur la région pariétale. L'embryon conoïdal, est composé de 4 tours étroits et lisses, puis d'un tour orné de côtes axiales et droites, il m'a paru utile de donner la figure de cette coquille (pl. II, fig. 19)

383. — Bathytoma congesta, (Conr:). Je ne suis pas sûr que cette espèce provienne de Claiborne, où je n'en ai jamais trouvé trace: c'est avec raison que M. de Gregorio la distingue de *B. turbida*, Solander. On sait d'ailleurs que le nom *Bathytoma*, Harr. et Burr. doit être substitué à *Dolichotoma*, qui avait déjà été appliqué à un autre genre dans la nomenclature, avant Bellardi. M. de Gregorio, n'a pas mentionné la forme de l'embryon de *B. congesta*, mais l'exemplaire figuré et grossi parait muni de l'embryon globuleux et subdévié, qui caractérise ce genre, et la columelle est arquée et tordue, quoiqu'elle ne soit pas complétement plissée.

384. — Buchozia poples, (de Greg.). Cette singulière coquille, que M. de Gregorio a rapportée avec hésitation au genre *Buccinum* me parait très voisine des *Buchozia* (= *Etallonia*) du bassin de Paris : elle n'a pas la même ornementation que *B. citharella*, Desh., mais la forme de son ouverture me parait identique à celle de notre *B. lamellicostata*.

385. — Pleuroliria supramirifica, de Greg. Le genre *Pleuroliria*, de Greg., dont cette espèce est le type, me parait très voisin des *Trachelochetus*, nobis ; je ne puis cependant les identifier complétement, parceque l'ornementation est complètement différente, que la surface dorsale du canal des *Pleuroliria* n'est pas gonflée comme celle des *Trachelochetus* qui ont la forme d'un cou humain, enfin parce que M. de Gregorio ne nous apprend pas si ses *Pleuroliria* ont un bouton embryonnaire mamillé comme *T. desmius*, Edw. Il est donc plus prudent, au moins provisoirement d'admettre la séparation de ces deux formes, mais si l'on reconnait ultérieurement la nécessité de les réunir ou de faire de l'un une section de l'autre, le nom *Trachelochetus*, qui est antérieur, devra prévaloir sur *Pleuroliria*. L'ornementation de *P. supramirifica* ressemble à celle à d'*Oligotoma zonulata*, ce sont également des carènes spirales équidistantes avec des stries d'accroissement dans les intervalles, seulement le canal est bien plus allongé et plus droit ; le labre est plissé à l'intérieur comme cela a lieu aussi dans le genre *Trachelochetus*.

386. — Pleuroliria tizis, de Greg. Cette espèce n'est probablement qu'une variété de la précédente, dans laquelle la carène médiane est un peu plus proéminente ; je crois d'ailleurs qu'aucune d'elles ne provient de l'Eocène de Claiborne et je n'en puis juger que par les figures qui paraissent bien semblables.

387. — Pleuroliria subdeviata, de Greg. C'est encore une forme très voisine des deux précédentes, mais la base est plus atténuée et le canal porte une sorte de gonflement extérieur qui rappelle davantage l'aspect des *Trachelochetus*; en outre les deux carènes antérieures sont plus rapprochées et la troisième plus près de la suture.

388. — Surcula alternata, (Conrad). Cette coquille appartient à la forme typique du genre *Surcula*: son canal long et droit, ses tours à peine ornés, son échancrure entaillée sur la rampe inférieure, près de la suture, tous ces caractères répondent bien à la diagnose générique. Elle doit être extrêmement rare à Claiborne, car je n'en ai jamais recueilli le moindre fragment.

389. — Surcula persa, (Whitf.). Du même groupe que la précédente, quoiqu'elle s'en distingue par sa spire plus courte, par ses tours beaucoup plus convexes en avant, fortement excavés en arrière, au dessus de la suture qui est accompagnée d'un bourrelet ; c'est une espèce éocénique, quoiqu'elle ne soit pas du gisement de Claiborne.

390. — Surcula Tuomeyi, (Aldr.). Caractérisée par ses tours anguleux avec deux carènes spirales sur la partie antérieure, excavés en arrière ; l'auteur la cite dans l'Eocène inférieur de Woods-Bluff.

391. — Surcula longirostrosis, de Greg. Notre confrère a proposé de démembrer du genre *Surcula* une section *Pleurofusia*, où l'on classerait les espèces qui, comme *S. Lamarcki* Bell. ont le faciès des *Fusus*, avec l'échancrure au dessus de la suture. M. de Gregorio ne dit pas si cette espèce est réellement éocénique, ou si elle n'est pas plutôt du niveau de l'Oligocène de Vicksburg.

392. — Surcula (?) capax, (Whitf.). Espèce très douteuse peut être incomplète, de sorte que son canal, quoique droit, paraît assez court ; sa forme est beaucoup plus ventrue et sa spire est bien plus courte que celle des *Surcula* précédentes. Si le canal était réellement allongé, ce serait peut être un *Apiotoma*.

393. — Apiotoma gemmata, (Conrad). J'ai séparé le sous genre *Apiotoma* des *Surcula* non seulement parce que la spire est bien plus courte et piruliforme, mais parce que l'embryon est en outre mamillé, tandis qu'il est conoïde et pointu dans les véritables *Surcula*. Le *Pleurot. gemmata*, Conr. me paraît appartenir à ce genre ; M. de Gregorio l'a classé dans son sous genre *Strombina* qui réunit les formes les plus hétérogénes : en tous cas, *Apiotoma* est antérieur d'une année à *Strombina*. Quant à l'*A. gemmata*, dont je possède deux jeunes exemplaires; c'est une espèce à canal long, droit et étroit, dont la spire égale environ les trois cinquièmes de l'ouverture, y compris le canal ; les tours sont anguleux, avec deux carènes antérieures, dont l'une, celle qui coïncide avec l'angle, est finement crénelée, tandis que la rampe décline de la partie inférieure porte quatre fins cordonnets spiraux, croisés par des stries d'accroissement, et un bourrelet plissé à la suture ; tout le dernier tour et le dos du canal est régulièrement sillonné.

394. — Pleurotoma Lesueuri, Lea. Ainsi que je l'ai fait remarquer précédemment (Catal. Eoc. IV, p. 358), il ne paraît pas y avoir de *Pleurotoma* typiques dans l'Eocène ; si l'on retranche les *Surcula* et les *Apiotoma*, qui ont leur échancrure voisine de la suture, et si l'en restreint, suivant Bellardi, le genre *Pleurotoma* aux espèces qui ont l'échancrure placée sur la convexité des tours, avec un canal plus ou moins allongé, on peut admettre trois coupes sous génériques dans l'Eocène d'Europe et d'Amérique : *Hemipleurotoma*, nob. (= *Coronia*, de Greg. *ex parte*), dont le canal est assez long, l'embryon conoïde; *Eopleurotoma*, nob. (= *Strombina*, de Greg, *ex parte*), dont le canal est médiocrement allongé, un peu tordu, et dont l'embryon est obtus, enfin dont l'ornementation comporte ordinairement deux rangs de granulations ou de costules, les unes obliques sur la convexité des tours, les autres perlés près de la suture ; *Oxyacrum*, nob. (= *Pleuroliria*, de Greg. *ex parte*), dont le canal est très court et peu tordu; dont l'embryon est lisse et pointu, dont l'échancrure est plus voisine de la suture. Outre que les dénominations proposées par notre honorable confrère, sont d'un an postérieures aux nôtres, elle n'y correspondent que partiellement, parce que ses diagnose génériques ne sont pas très nettes et qu'il a réuni dans les même coupes des formes qui appartiennent évidemment à d'autres sections ou même à d'autres genres. Le classement que je viens de résumer est étayé par l'observation des formes éocènes, il est probable qu'il ne s'appliquerait pas exactement à celles des étages tertiaires supérieurs, et qu'il faudrait admettre d'autres coupes.

Le sous-genre *Hemipleurotoma* est représenté, dans l'Eocène de Claiborne, par plusieurs espèces qui ont de l'analogie avec celles du bassin de Paris; la première, *P. Lesueuri* est voisine de *P. cancellata*, Desh. (non H. Lea), mais elle s'en distingue par les détails de l'ornementation qui se compose de six filets spiraux, les quatre en avant plus espacés, les deux en arrière très rapprochés au dessus de la suture et finement cancellés par les plis d'accroissement qui sont plus espacés sur la convexité antérieure des tours. l'espèce américaine a les tours plus aplatis et le canal moins long que celle du bassin de Paris. Il y a probablement lieu d'y réunir un *P. obliqua*, Lea, décrit d'après un simple fragment du dernier tour ; quant à *P. cancellata*, H. Lea, si c'est réellement un *Pleurotoma*—ce qui n'est pas certain—, il devra changer de nom et j'ai déjà précédemment proposé (Annuaire géol. 1891, p. 994) de lui donner le nom *P. Gregorioi, nobis*.

395. — Pleurotoma exilloides, Aldr. D'après la figure, cette coquille se distinguerait de la précédente par sa forme plus étroite et par les tours subulés; elle appartient au même groupe *Hemipleurotoma*, et non pas au genre *Genotia*, qui est caractérisé par une spire plus courte, un embryon proboscidiforme et une échancrure entaillée sur la rampe inférieure.

396. — Pleurotoma acutirostra, Conr. Cette espèce appartient au même groupe que *P. uniserialis*, Desh. et *plebeia*, Sow., du bassin anglo-parisien, mais elle est beaucoup plus étroite, et elle se distingue de *P. Nilssoni* par ses crénelures bifides, persistant jusque sur le dernier tour, ainsi que par le nombre de ses filets spiraux, deux seulement au dessus de la couronne de crénelures, cinq ou six très serrés immédiatement au dessous de cette couronne et deux plus écartés au dessus de la suture. L'embryon conoïde est composé de trois tours lisses et d'un tour costulé ; l'échancrure du labre coïncide exactement avec la couronne saillante de crénelures : le canal est relativement court, un peu tordu. M. de Gregorio compare cette espèce, non seulement à *P. denticula*, Bast., qui appartient en effet au même groupe et dont les crénelures sont bien plus écartées, mais encore à *P. terebralis*, Lamk., qui est une *Surcula* et à *P. acutangularis*, Desh., qui est une *Drillia* absolument différente ; comme il réunit ces trois formes dans le même sous-genre *Coronia*, il en résulte que cette dénomination n'est pas admissible, non seulement parce qu'elle fait double emploi avec *Hemipleurotoma*, mais aussi parce qu'elle désigne des espèces appartenant à trois genres bien distincts. Quant à *P. Childreni*, Lea, que M. de Gregorio considère comme distinct de l'espèce de Conrad, la figure de Lea représente en effet un individu plus trapu, dont la carène denticulée paraît située plus haut et est plus étroite, que celle de *P. acutirostra* ; je n'ai jamais recueilli d'échantillons qui répondent exactement à ces caractères, à moins que ce ne soient des *P. Desnoyersi* : il me paraît donc probable que *Childreni* est synonyme d'*acutirostra*, d'autant plus qu'il s'agit d'une espèce qui n'est pas très rare et qui n'a pas dû échapper à Lea ; outre le droit de priorité, Conrad a pour lui l'exactitude de sa figure qui est bien plus reconnaissable.

397. — Pleurotoma Desnoyersi, Lea. Beaucoup plus trapue que l'espèce précédente, munie d'un canal un peu plus allongé, elle s'en distingue par sa carène moins saillante, munie de plis plus étroits que les denticules de l'*acutirostra*, que traversent des filets plus gros et plus visibles, de sorte que l'ornementation spirale l'emporte presque sur l'ornementation axiale ; la figure de Lea est très exacte et ne laisse aucun doute à cet égard, aussi ne peut on admettre que Conrad réunisse cette espèce avec son *P. nupera* qui appartient à un autre groupe et dont la suture porte une seconde rangée de granulations, tandis que dans les *Hemipleurotoma*, il y a seulement un ou deux filets simples, plus saillants, au dessus de la suture. Deux seulement de mes sept échantillons ont conservé leur bouton embryonnaire conoïde, composé de deux tours lisses et d'un tour costulé, comme *P. acutirostra*.

398. — Pleurotoma Beaumonti, Lea. Quoiqu'elle appartienne au même groupe que les deux précédentes, elle a un faciès tout à fait différent ; aussi trapue et plus courte que *P. Desnoyersi*, elle porte à la partie antérieure des tours deux filets spiraux carénés, celui du bas est seul denticulé par des crénelures qui n'ont pas plus d'épaisseur que le filet et ne s'étendent pas au delà ; elles ne ressemblent donc pas aux crénelures axiales de *P. uniserialis*, Desh., auquel la compare M. de Gregorio. Sur les premiers tours, le filet supérieur est quelquefois aussi crénelé de sorte que *P. Beaumonti*, quand il est jeune, se rapproche un peu de *P. Desnoyersi*, mais il reprend son aspect définitif dès le quatrième tour après l'embryon, qui se compose de trois tours lisses et conoïdes, et d'un quatrième faiblement costulé.

399. — Pleurotoma tigrapa, de Greg. Autant que je puis en juger par la figure, cette espèce est voisine des précédentes et ne s'en distinguerait que par ses denticules costulés plus écartés et plus obliques ; il faudrait examiner l'embryon pour décider si c'est bien un *Hemipleurotoma* ; M. de Gregorio le compare à *P. Laiteti* qui est un *Eopleurotoma*, avec une double rangée de granulations, et cependant il le classe dans les *Pleurofusia* qui, comme les *Surcula*, ont l'échancrure près de la suture ; ici, au contraire, l'échancrure paraît être sur la convexité des tours, quoique le texte n'en fasse pas mention.

400. — Pleurotoma supera, Conrad. Cette espèce a été très mal définie par l'auteur ; pour la distinguer des suivantes avec lesquelles il la réunit, il faut interpréter la figure et la description qui laissent beaucoup à désirer. C'est une coquille fusiforme, dont l'ouverture égale les deux cinquièmes de la longueur totale, ses tours subanguleux, excavés en arrière ; la première rangée de plis obliques est située sur l'angle antérieur des tours, ces plis sont petits, courts, serrés et très obliquement inclinés ; le bourrelet qui surmonte la suture porte de petites granulations obsolètes et arrondies qui ne se joignent pas aux plis antérieurs ; toute la surface est ornée de filets spiraux, plus rapprochés dans l'excavation postérieure, où ils sont traversés par les accroissements curvilignes de l'échancrure.

401. — Pleurotoma Hœninghausi, Lea (= *P. rugosa*, Lea). C'est à la suite d'une laborieuse comparaison d'un grand nombre d'échantillons, que je me suis décidé à séparer *P. Hœninghausi* de *P. supera*, quoique Conrad soit d'avis de les assimiler ; les plis sont plus gros, plus écartés, beaucoup moins obliques, les granulations suturales sont plus grossières ; les unes et les autres se rejoignent par des stries d'accroissement curvilignes, comme dans *P. curvicosta*, Lamk. Toutefois je ne puis séparer *P. rugosa* de *P. Hœninghausi*, les deux figures et les deux descriptions de Lea sont à peu près identiques.

402. — Pleurotoma preparugosa, de Greg. Cette espèce se distingue de la précédente, non seulement par son ornementation plus effacée et par ses filets spiraux plus régulièrement écartés, mais encore et surtout par sa forme plus étroite, car elle a l'angle spiral plus petit que ne l'indique la figure donnée par M. de Gregorio. Elle est beaucoup rare : je n'en ai trouvé que deux individus tandis que les deux espèces précédentes sont les plus fréquentes des *Pleurotoma* de Clainorne.

403. — Pleurotoma Desnoyersopsis, de Greg. Voisine de la précédente par l'effacement de ses côtes, elle s'en écarte par sa forme moins étroite, plus subulée, les tours étant à peine excavés ; le bourrelet sutural est à peu près dénués de granulations.

404. — Pleurotoma Sayi, Lea. (= *P. monilifera*, Lea). Je suis du même avis que M. de Gregorio : les deux espèce décrites par Lea n'en sont évidemment qu'une seule, les deux figures sont identiques et si les descriptions diffèrent, c'est par l'omission, dans la diagnose de *P. Sayi*, dela rangée suturale de tubercules qui est cependant indiquée sur la figure 125 ; Lea ajoute, à propos de *P. monilifera* que, l'ouverture est plus courte, c'est un caractère commun à ces deux coquilles et qui les distingue précisément de *P. supera* et *Hœninghausi* ; en effet, l'ouverture et le canal n'occupent que le tiers de la hauteur totale. C'est d'ailleurs une espèce très variable ; à côté du type qui a des côtes courbées comme *P. curvicosta*, avec des tours anguleux et des tubercules très saillants et écartés il y a des individus à côtes plus serrées, ne se joignant pas aux tubercules suturaux, puis d'autres dont les plis médians ne dépassent guère la carène, comme dans le *P. supera* ; mais, comme il y a plus de formes intermédiaires reliant ces deux extrêmes qu'il n'en existe entre *P. supera* et *Hœninghausi*, lesquels sont plus tranchés, je ne crois pas utile d'établir ici la même séparation.

405. — Pleurotoma depygis, Conrad. Quoique Conrad ait indiqué que cette espèce est synonyme de *D. Lonsdalei*, il ne paraît pas possible de réunir ces deux formes : *P. depygis* est entièrement strié et le bourrelet sutural porte même quelques tubercules obsolètes qui placent cette espèce dans les *Eupleurotoma* ; d'ailleurs la forme de l'embryon qui ne paraît pas obtus, surtout la position du sinus qui est voisin de la convexité des tours, n'ont pas de rapport avec les *Drillia*. Si on le compare à *P. Sayi*, on trouve qu'il a le canal moins court, les côtes moins obliques, le bourrelet sutural mieux marqué ; *P. depygis* ressemble beaucoup, par son ornementation, à *P. contabulata*, Desh., de l'Eocène supérieur du bassin de Paris, seulement je n'ai pu vérifier sur aucun de mes échantillons si l'embryon est aussi pointu que celui des *Oxyacrum*. Je ferai remarquer en terminant que la figure de Conrad est assez exacte, quoiqu'il n'ait pas mentionné l'existence des stries spirales, tandis que les figures 11-13 de la planche II de M. de Gregorio représentent, d'après mon avis, de simples variétés du *P. Sayi* : je ne crois pas que ce soit la véritable interprétation de l'espèce de Conrad.

406. — Drillia Lonsdalei, Lea) (= *P. Pinaculina*, de Greg.). C'est l'espèce de *Pleurotomidæ* la plus répandue a Claiborne, et elle n'atteint pas une grande taille (12 mill. de longueur au maximum) ; elle a l'embryon lisse, conoïde et obtus, le canal très court et largement échancré des costules tuberculeuses interrompues en deçà du bourrelet postérieur qui surmonte la suture ; l'ornementation spirale est à peu près nulle, à peine quelques stries dans la partie excavée situé sous la saillie des côtes tuberculeuses.

406. — Drillia solitariuscula, de Greg. Je n'ai pas de renseignements à donner au sujet de cette espèce, et ne suis même pas sûr qu'elle soit de l'Eocène de Claiborne, car l'auteur n'en indique pas la provenance ; d'après la figure, ce serait un *D. Lonsdalei*, dont l'ornementation s'efface sur les derniers tours. Il me semble qu'il n'est pas pas possible d'en séparer *P. surculopsis*, de Greg. dont les côtes sont encore plus effacées.

408. — Drillia elaborata, (Conrad). Je ne possède qu'un fragment de cette espèce rare, les deux derniers tours et le canal ; mais cela suffit pour que je puisse certifier qu'il n'y a aucune ressemblance entre elle et *P. Lesueuri*, l'ornementation est bien différente, ici ce sont de larges rubans séparés par de profonds sillons spiraux et découpés en granulations par des stries d' accroissement sinueuses ; la suture est surmontée de deux bourrelets granuleux plus étroits, puis d' un canal strié par les accroissements du sinus et enfin d' un autre cordonnet finement crénelé. Le bord columellaire est épais et calleux, il n'y a pas de doute que cette coquille est bien une *Drillia*, de sorte que le genre *Moniliopsis* Conrad dont elle est le type, est synonyme de *Drillia*, comme le pensait avec raison Tryon.

409. — Drillia taltibia, (de Greg.). Espèce qui paraît très semblable à notre *D. brevicula*, du calcaire grossier parisien, mais dont je n'ai jamais trouvé de fragments à Claiborne, de sorte que je ne suis pas certain qu' elle en provienne.

410. — Drillia anteatripla, (de Greg.). Autant que je puis en juger par la figure, cette coquille qui est le type du genre *Tripia*, de Greg., est une *Drillia* du même groupe que notre *D. calvimontensis* ; toutefois, avant de l' affirmer avec certitude, il faudrait connaitre la forme de l'embryon dont l'auteur n'a pas fait mention.

411. — Trypanotoma terebriformis, (Meyer *sp.*) *nov. genus.* L'auteur m'ayant envoyé un individu de Newton, j'ai constaté que cette espèce se trouve aussi à Claiborne où elle est rare, puisque je n'en ai recueilli que 5 échantillons dans 150ᵏ de sable. En étudiant attentivement cette singulière espèce et en la rapprochant d' une autre coquille du bassin de Paris, dont le classement m'avait beaucoup embarrassé (*Drillia ecaudata*, Desh.), j'ai reconnu la nécessité de créer un nouveau genre absolument distinct des *Drillia* et des *Homotoma*.

Trypanotoma, testa terebriformis, longispirata, brevicaudata, apice globuloso ac mamillato ; apertura vix quartam partem longitudinis æquante, angusta, basi ultimi anfractus subito attenuata ; canali lato, brevissimo, profunde emarginato ; sinu laterali parum incurvato, alte sito.

Cette forme est caractérisée non seulement par la disposition de la spire qui est aussi allongée que dans le genre *Terebra*, mais encore par la faible échancrure de son sinus labial.

L' embryon ressemble à celui des *Homotoma*, quoiqu'il soit un peu plus globuleux, l'ouverture très courte a de l'analogie avec celle de quelques *Drillia* du groupe *Crassispira*, qui ont aussi une ornementation à peu près semblable, mais le sinus est tout à fait différent, se rapprochant de celui des *Asthenotoma*, qui ont cependant le canal plus long et la base beaucoup moins subitement atténuée.

Le type de genre, *T. terebriformis* est une petite coquille mesurant 8 mill. de longueur sur 3 mill. de diamètre, ornée sur les premiers tours, de petites crénelures à la partie antérieure et de quatre carènes spirales inéquidistantes, les deux du milieu très rapprochées divisent les crénelures et les rendent bifides ; sur les derniers tours, les crénelures tendent à s'effacer et se subdivisent en plis obliques peu sinueux ; la base est ornée de carènes écartées qui se serrent davantage en s'enroulant sur le dos un peu convexe du canal.

Loc. Claiborne, post type (pl. II, fig. 18) ma coll. ; Newton, donné par M. Meyer.

412. — Raphitoma venusta, (Lea). Certes il est difficile de reconnaitre un *Raphitoma* dans la figure microscopique que Lea a donnée de son *Fusus venustus* ; cependant les six échantillons que j'ai recueillis de cette espèce répondent bien à la diagnose de l'auteur américain, je n'ai aucune hésitation sur leur classement générique. L'embryon est lisse, conoïde et pointu, les tours de spire sont convexes et même subanguleux, ornés de petites côtes obliques, arquées vers la suture inférieure, croisées par quatre cordons écartés sur la partie antérieure des tours, et par trois filets plus serrés sur la rampe inférieure ; de fines stries d'accroissement existent dans les intervalles des côtes. Dernier tour égal aux deux tiers de la longueur totale, régulièrement atténué à la base qui se termine par un canal assez allongé ; échancrure peu profonde longuement entaillée sur la rampe inférieure. C' est une espèce analogue à notre *R. plicata*, Lamk. ; mais elle s'en distingue par sa spire plus courte et par son sinus moins profondément échancré ; elle ressemble davantage à *Amblyacrum rugosum*, mais elle diffère par son embryon qui appartient au genre *Raphitoma*.

Loc. Claiborne, post type (pl. II, fig. 17) ma coll.

413. — Amblyacrum tabulatum, (Conrad). (= *Pleurot. coelata*, Lea = *P. rignana*, de Greg.). Belle espèce, répandue à Claiborne, peu variable, inexactement figurée par Conrad, mais dont la diagnose ne laisse aucune doute, de sorte qu'il faut y réunir, comme Conrad l'a indiqué, l'espèce de Lea, et en outre celle que M. de Gregorio a séparée d'après un échantillon incomplet.

Au premier abord cette coquille a tout à fait l'aspect d'un *Raphitoma*, mais si l'on examine l'embryon qui est rarement bien conservé, on constate qu'il est obtus, mamillé et un peu dévié, c'est à dire qu'il répond exactement à la diagnose que j'ai donnée de mon genre *Amblyacrum* (Catal. Eoc. IV, p. 295). L'échancrure du sinus est entaillée sur la rampe inférieure au dessous de la carène ; de fines stries régulières et fibreuses ornent toute la surface. L'ouverture est allongée et le bord columellaire se détache souvent du canal, du côté antérieur, en découvrant une petite fente ombilicale qui est bien indiquée sur la figure de Conrad.

Loc. Claiborne, (pl. II. fig. 24) ma coll.

414. — Pernistoma insignifica, (Heilprin) ? (= *Fusus nanus*, Lea non *Homotoma nana*, Desh.). Par une singulière coïncidence, *Fusus nanus* Lea est un *Homotoma* (hodie peratotoma) comme l'espèce antérieurement décrite par Deshayes. de sorte que le nom de Lea ne peut être conservé ; comme d'ailleurs cette coquille ne ressemble pas à *Scobinella infans*, Meyer avec lequel la confond à tort M. de Gregorio, il faut bien reprendre la dénomination de Heilprin, quoique je ne sois pas bien certain qu' il ait eu en vue la même espèce. C'est une coquille étroite allongée, à embryon terminé par un très petit bouton papilleux et composé de trois tours lisses presque plans et sublimbriqués, à tours carénés au milieu et ornés de trois carènes spirales en avant, d' une quatrième à la suture inférieure, tandis que la rampe postérieure excavée porte des filets beaucoups plus fins avec des stries d'accroissement curvilignes ; sur les derniers tours des individus adultes, la carène médiane est plus obtuse ; ouverture égale au tiersde la longueur totale, terminée par un canal court, assez large et un peu tordu ; échancrure peu profonde, entaillée sur la .gouttière qui surmonte la suture. Cette espèce ressemble à *P striarella*, Lamk., du bassin de Paris, mais elle s'en distingue par la carène plus saillante de ses premiers tours, par sa forme plus allongée, et par son dernier tour plus court.

Loc. Claiborne, assez rare (pl. II, fig. 23) ma coll.

415. — Peratatoma Dalli, nov. sp.

Testa turrita, conica, apice obtuso ac papilloso, anfractibus 9 obliquiter nodosocostatis, antice bi vel tricarinatis, postice paulo excavatis et tenue liratis, ad suturam funiculatis ; apertura tertiam partem longitudinis superans, piriformis, canali fere recto, haud emarginato ac mediocriter elongato ; sinus lateralis supra suturam profunde resectus.

Coquille turriculée conique, à sommet obtus, lisse et papilleux, composée d'environ neuf tours, un peu convexes en avant et excavés en arrière, ornés de côtes épaisses, peu saillantes et obliques, qui ne s'étendent pas jusqu'à la suture inférieure ; l'ornementation spirale se compose de deux ou trois carènes également espacées sur la partie convexe de chaque tour, de deux ou trois filets sur la rampe postérieure, et d'un cordonnet épais et souvent bifide au dessus de la suture ; toute la surface est finement striée dans le sens spiral, et dans le sens des accroissements qui sont très obliques et sinueux. Ouverture égale aux quatre onzièmes de la longueur totale, piriforme ou élargie en arrière, plus étroite en avant, du côté du canal, qui est médiocrement allongé, non échancré et à peine courbée ; sinus profondément entaillé sur la rampe excavée au dessus du bourrelet de la suture.

Dim. : Longueur, 11. mill. ; diamètre, 4 mill.

Je suis surpris qu'une espèce dont j'ai trouvé six échantillons, ait échappé aux paléontologistes qui se sont occupés de la faune de Claiborne ; je ne puis me l'expliquer qu'en supposant qu'elle a dû être confondue avec *Amblyacrum tabulatum* quoiqu'elle en soit bien différente par ses carènes écartées et par l'aspect de ses côtes noduleuses et larges, qui la distinguent également de *P. nana* du bassin de Paris.

Loc. Claiborne, (pl. II, fig. 15) ma coll.

416. — Peratatoma funiculigera, nov. sp. Pl. II, fig. 16.

Testa angusta, subulata, apice obtuso ac papilloso, anfractibus 8 obtuse nodosocostatis, spiraliter quinquefuniculatis, portice paululum canaliculatis et supra suturam marginatis ; apertura tertiam partem longitudinis æquans, rhomboidalis, canali brevissimo, subintorto, columella incrassata ; sinus mediocriter emarginatus supra suturam.

Coquille assez petite et étroite, subulée, à sommet obtus et grossièrement papilleux, composée de huit tours un peu convexes, sauf en arrière où il existe une rampe assez étroite et canaliculée, au dessus du bourrelet de la suture ; l'ornementation se compose : dans le sens axial, de renflements pustuleux et obtus, tantôt semblables à de larges côtes obliques et à peine saillantes, tantôt presque totalement effacés sur les derniers tours ; dans le sens spiral, de cinq cordonnets régulièrement espacés sur la partie convexe des tours, de deux ou trois filets plus rapprochés sur la rampe inférieure, et enfin d'un gros bourrelet assez saillant sur la suture ; en outre, de fines stries d'accroissement, obliques et très sinueuses, surtout sur la rampe, croisent élégamment les ornements spiraux. Ouverture égale au tiers de la longueur totale, assez large, terminée par un canal très court, un peu tordu ; labre obscurément plissé à l'intérieur, columelle calleuse et un peu excavée ; sinus assez largement échancré sur la rampe au dessus du bourrelet sutural.

Dim. : Longueur, 7,5 mill., diamètre, 25 mill.

De même que l'espèce précédente, celle ci a dû être confondue avec une autre, probablement avec *P. insignifica*, quoiqu'elle s'en distingue par son ornementation, par l'absence d'une carène, par son ouverture moins écourtée, par son canal moins courbé ; d'autre part son ornementation et sa forme plus étroite ne permettent pas de la confondre avec *P. Dalli*, elle a de l'analogie avec *P. fragilis* du bassin de Paris, mais la disposition largement aplatie de ses côtes obtuses en diffère totalement.

Loc. Claiborne, (pl. II, fig. 16) ma coll.

417. — Mangilia meridionalis, Meyer. Les deux individus de Jackson, que m'a envoyés M. Meyer portent bien tous les deux la varice labiale et l'échancrure caractéristique du genre *Mangilia* ; l'ornementation se compose de petites côtes assez étroites, presque droites, prolongées jusqu'à la suture inférieure, de trois filets un peu écartés au dessus de la carène médiane tandis qu'il y en a quatre plus serrés sur la rampe inférieure ; le bouton embryonnaire est pointu, dévié au sommet et composé de trois tours lisses, croissant très lentement.

418. — Sinistrella americana, (Aldr.). Cette singulière espèce de Jackson, dont M. Meyer m'a envoyé huit échantillons, est un *Pleurotoma* sénestre ; le genre *Sinistrella* a été proposé par cet auteur (Beitr. z. Kennt. Alt. tert. p. 17, 1887) pour le *Triforis americanus*, Aldr. Pour se rendre compte des affinités de ce genre, il faut observer l'image de la coquille renversée dans une glace, elle a alors beaucoup d'analogie avec certaines *Drillia* ; mais son embryon mamillé, globuleux et presque dévié, la sinuosité faible et peu profonde de son échancrure latérale, la rapprochent davantage de notre genre *Trypanotoma* ; cependant on ne peut pas conclure que *Sinistrella* soit la forme sénestre, de ce genre, car le canal est plus allongé et moins échancré que celui des *Trypanotoma* ; l'ornementation est aussi très différente, car elle se compose de deux larges rubans superposés, couverts de granulations obtuses, celui du haut est le plus gros ; dans les intervalles, il y a de très fins filets spiraux, et sur la base s'enroulent des cordonnets réguliers croisés par des filets d'accroissement assez épais.

419. — Terebra venusta, Lea. Très commune et très variable, par conséquent ; ses côtes axiales sont plus ou moins écartées, plus ou moins effacées, elles produisent sur le bourrelet suprasutural des crénelures plus ou moins saillantes; mais elles sont toujours droites, bien moins sinueuses que ne l'indique la figure donnée par M. de Gregorio, et traversées par des stries spirales excessivement fines ; en outre il n'existe par de sillon au dessus de la suture postérieure, il y a simplement une dépression légère qui sépare la rangée de crénelures inférieures ; enfin l'embryon lisse conoïde et assez pointu se compose de 4 tours qui ont le même angle spiral que le reste de la spire. Il ne me parait pas possible de séparer le *T. mitis*, de Greg. qui ne diffère du type que par ses plis plus serrés ; la base parait plus arrondie, mais cela tient à ce que l'individu figuré pour *T. venusta* était très incomplet.

420. — Terebra inula, de Greg. Je ne possède qu' un individu pas tout à fait entier de cette espèce caractérisée par l'écartement de ses côtes et par l'absence des stries spirales ; en outre ses tours sont plus convexes que ceux de *T. venusta*, les côtes sont plus interrompues dans la dépression plus profonde qui surmonte le bourrelet marginal ; enfin les crénelures de ce bourrelet sont plus saillantes : j'en conclus que l'on peut admettre que cette coquille n'est pas simplement une variété de la précédente, mais une espèce bien distincte.

421. — Terebra mirula, de Greg. (= *T. andrega*, de Greg.). On la distingue aisément des précédentes par l'existence d'un sillon placé au tiers inférieur de la hauteur de chaque tour, et coupant les côtes qui ont une tendance à s'effacer sur les derniers tours ; en outre, ces côtes sont plus aplaties, moins étroites et plus sinueuses que celles de *T. venusta* ; il n'y a pas de bourrelet crénelé au dessus de la suture ; enfin, caractère très important, l'embryon diffère totalement, car il est moins pointu, plus globuleux, avec un angle spiral plus ouvert que celui de la spire, de sorte qu'il semble avoir été ajouté artificiellement : j'ai constaté ce dernier caractère sur le seul individu que j'aie trouvé de cette rare espèce, dans les sables de Claiborne. Il ne me parait pas possible d' en distinguer *T. andrega*, qui représente seulement un individu un peu plus jeune. M. de Gregorio a séparé *T. mirula* qu'on confondait jusqu'à présent avec *T. divisura*, de l' Oligocène de Vicksburg ; je n'ai pu vérifier les différences qu'il indique, ne possédant pas l'espèce de Conrad, mais il me parait, d'après ce qu'i rapporte, que cette distinction des deux espèces est tout à fait fondée.

422. — Terebra ziga, de Greg. (= *T. ignara*, de Greg. ?). Comme l' indique l'auteur, cette *Terebra* se distingue facilement des autres espèces américaines par son angle plus ouvert et par ses filets spiraux bien marqués ses côtes sont plus sinueuses que celles de *T. venusta*, sa base est plus arrondie et son dernier tour est plus court. M. de Gregorio a séparé *T. ignara*, parce qu'il n'y a pas de filets spiraux, mais il est possible que l' usure de la surface les ait fait disparaitre, et, comme tous les autres caractères sont semblables, je doute que ce soit une espèce distincte.

423. — Actaeon lineatus, Lea. C'est la moins rare des espèces de Claiborne : on la reconnait à l'interruption de ses sillons spiraux et finement ponctués, sur une bande lisse à la partie inférieure du dernier tour ; ils reparaissent au nombre de un, deux ou trois près de la suture. Le pli columellaire est fortement tordu et très saillant ; la forme générale de la coquille est assez ventrue et la spire assez courte.

424. — Actaeon claiborniacola, de Greg. Je ne possède pas cette espèce, qui parait se distinguer de la précédente par ses sutures plus étagées, non surmontées de sillons spiraux, par sa forme plus globuleuse et par ses sillons plus serrés, limités à la partie antérieure du dernier tour.

425. — Actaeon punctatus, Lea. Caractérisée par ses larges sillons spiraux, finement ponctués par des accroissements lamelleux, et séparés par des rubans lisses, à peine plus larges que le sillons ; le dernier tour est déprimé vers la suture inférieure ; l'embryon est court et très obliquement dévié, enfin le pli columellaire est très saillant et largement tordu ; la fente ombilicale est recouverte par une épaisse callosité du bord columellaire. L'espèce la plus voisine, dans le bassin de Paris, est *A. subinflatus*, d'Orb., mais celle-ci a le dernier tour moins déprimé en arrière.

Dim. : Longueur, 10 mill., diamètre, 5 mill.

426. — Actaeon inflatior, Meyer. Je ne suis pas d'avis que cette coquille est seulement une variété de *A. punctatus* : 'en ai recueilli cinq échantillons qui sont beaucoup plus turgides que la précédente, et en outre leurs sillons sont plus écartés, plus finement ponctués ; enfin l'embryon forme un petit bouton plus saillant, moins obtus ; le pli columellaire est moins saillant, plus obsolète ; quant à la fente ombilicale, elle est aussi cachée par l'épaississement de la callosité columellaire. On peut la comparer à *A. Deshayesi*, de Rainc. ; mais elle en diffère par son ornementation.

Dim. : Longueur, 8 mill. ; diamètre, 4,5 mill.

427. — Actaeon annectens, Meyer. Si je n'avais comparé que la figure de cette espèce (Contrib. Alab. a. Miss. p. 77, pl. II, fig. 30) je l'aurais certainement identifiée à *A. punctatus* ; mais l'auteur m'en a envoyé un individu, de l'Eocène supérieur de Jackson, et j'en ai retrouvé deux inconnus dans le sable de Claiborne, on les distingue de l'espèce de Lea par leurs sillons plus étroits, plus finement ponctués, par leur pli plus oblique, moins saillant et placé plus bas, enfin par la troncature antérieure de la columelle qui est à peine indiqué dans *A. punctatus*, tandis que celle de *A. annectens* a la même disposition que dans le sous genre *Actaeonidea* ; quant à l'embryon, il est très obliquement dévié.

Dim. : Longueur, 7 mill., diamètre, 3,5 mill.

Loc. Jackson ; Claiborne, post type (pl. I, fig. 37) ma coll.

428. — Actaeon elegans, Lea. Ce n'est pas une espèce douteuse, la figure de Lea est très bien faite et m'a permis de déterminer l'unique individu que j'aie trouvé : c'est une coquille dont les tours sont très convexes, et dont l'ouverture est bien plus courte que celle de toutes les espèces qui précédent ; toute la surface est ornée de sillons très finement ponctués, plus serrés autour de la région ombilicale ; l'embryon est court, papilleux et oblique ; le pli columellaire est placé très près en arrière, et la columelle est bien tronquée à la base, de sorte que l'ouverture est subcanaliculée en avant : la forme générale de la coquille est assez étroite, son diamètre dépasse à peine les deux cinquièmes de sa longueur.

429. — Nucleopsis subvaricatus, (Conrad). Pl. I, fig. 36.

Le genre *Nucleopsis*, Conr., est indiqué par Tryon avec la mention *uncaracterised* ; comme j'ai recueilli, dans le sable de Claiborne, trois individus de l' espèce type, je suis en mesure de donner une diagnose de cette coupe qui me parait être plus qu'un sous-genre de la famille *Actaeonidae*.

Nucleopsis, coquille globuleuse, nucléiforme, à embryon pointu, lisse, conoïdal, un peu dévié au sommet ; ornementation composée de filets spiraux, sans lamelles ni ponctuations axiales dans leurs intervalles ; labre presque vertical, épaissi par une varice peu saillante, dont les déplacements successifs laissent des traces sur le dernier tour ;

ouverture très courte et arrondie en avant, sans aucune troncature de la columelle, qui porte un pli très oblique, peu saillant et obtus ; ombilic complètement formé.

Pour compléter ce qui concerne spécialement *N. subvaricatus*, j'ajoute que sa spire est régulièrement conique, avec des tours presque plans, séparés par de profondes sutures ; l'ouverture atteint presque les deux tiers de la longueur totale.

Dim.: Longueur, 8 mill., diamètre, 5, 5 mill.

Loc. Claiborne, post type (pl. I, fig. 36) ma coll.

430. —Tornatellæa bella, Conrad. Je ne suis pas sûr de la provenance éocénique de cette espèce qui est le type du genre *Tornatellæa*, caractérisé par la précence de deux plis à la columelle. Je pense, de même que M. de Gregorio que *T. bella* et *T. lata*, Conr. ne sont qu'une seule et même espèce. autant que je puis en juger par la similitude des figures, puisque je n'ai recueilli aucune de ces coquilles dans le sable de Claiborne ; on ne peut d'ailleurs la confondre avec *T. simulata*, Sol., qui a une forme beaucoup moins globuleuse, et dont les sillons sont ornés de lamelles bien plus visibles.

431. — Volvaria alabamiensis, *nov. sp.* Pl. II. fig. 12.

Testa ovoidea, subcylindrica, apice applanato ac paululum involuto, ultimo anfractu totam testam æquante ; sulcis spiralibus, regularibus, tenuissime punctatis ; labro incurvato ; columella antice bi-intorta.

Coquille presque cylindrique, un peu ovale et arrondie du côté du sommet qui est aplati, tronqué et presque totalement involvé ; on n' aperçoit que deux tours embryonnaires, lisses, sans aucune saillie ; le dernier tour forme, à lui seul, toute la coquille ; il est orné de sillons spiraux, plus serrés en arrière, s'écartant régulièrement davantage du côté antérieur qui est ovalement atténué ; ces sillons sont finement ponctués par les accroissements. Ouverture étroite, à bords parallèles, labre un peu incliné et curviligne, fortement entaillé à la suture ; échancrure antérieure profonde ; columelle deux fois tordue sur elle même en avant ; le pli inférieur s'enroule obliquement autour de la torsion antérieure qui est presque verticale.

Dim. : Longueur, 9 mill., diamètre 3 mill.

Cette rare espèce, dont je ne possède que deux individus à peu près complets, se distingue de celles du bassin de Paris par ses plis columellaires moins nombreux, et par la forme de son sommet.

Loc. Claiborne (pl. II, fig. 12) ma coll.

432. — Tornatina Wetherelli, (Lea). Petite coquille qui doit être très rare à Claiborne, car je ne l'y ai pas recueillie ; *T. crassiplica*, Conr., de l'Oligocène de Vicksburg, a une forme moins cylindrique et plus ovale, M. Meyer m'en a envoyé un individu sur lequel je constate que le sommet est plus arrondi moins tronqué que *T. Wetherelli*. Je ne crois pas qu'on puisse séparer de l'espèce de Lea *Bulla conmixta*, de Greg., classée sans doute par erreur dans le sousgenre *Utriculus* : c'est bien une *Tornatina* à spire saillante, quoiqu'elle paraisse plus courte que *T. Wetherelli* ; mais la figure de Lea est elle bien exacte ?

433. — Volvulella Dekayi, (Lea). Cette jolie coquille est caractérisée par sa forme allongée et peu ventrue ; elle mesure 6,5 mill. de longueur, sur 2,5 de diamètre, ainsi que je l'ai constaté sur le plus grand des dix échantillons que j'ai trouvés dans les sables de Claiborne ; elle est perforée au sommet et à l'ombilic, quelques sillons spiraux s'enroulent autour de ces deux régions, tandis que le milieu de la surface du dernier tour est lisse ; en arrière, l'ouverture dépasse de près d'un millimètre le sommet de la coquille ; en avant, la columelle porte un pli à peine visible, au dessus duquel elle forme une lèvre qui s'évase sur la région ombilicale.

434. — Volvulella Meyeri, *nov. sp.* (= *Cylichna Dekayi*, var. Meyer. Invert. eoc. Miss. 1887, p. 54, pl. III, fig. 10). M. Meyer n'ayant envoyé trois individus de l'Eocène supérieur de Jackson, j'ai constaté, en les comparant à ceux de Claiborne, qu'ils sont beaucoup plus ventrus et plus courts : leur diamètre est au moins égal à la moitié de leur longueur ; en outre leur ouverture se prolonge moins en arrière du sommet, ils ont la fente ombilicale à peu près close, leur pli columellaire est beaucoup plus gros. Pour toutes ces raisons, je suis d'avis que c'est une forme bien distincte qu'on ne peut admettre comme une simple variété de l'espèce de Lea, et par conséquent je propose de lui donner le nom *V. Meyeri*, *nobis*.

Loc. Jackson, post type (pl. I, fig. 38-39) ma coll.

435. — Volvulella subradius, (Meyer). Je ne possède pas cette petite espèce qui paraît se distinguer des précédentes par sa forme plus ovale et moins conique : le sommet semble imperforé, d'après la figure, mais il existe une petite fente ombilicale.

436. — Volvulella volutata, (Meyer et Aldr.). Ce n'est peut-être qu'une variété un peu cylindrique de l'espèce précédente ; elle est propre au gisement de Newton ; la diagnose mentionne l'existence de stries spirales, visibles avec une forte loupe, tandis que *V. subradius* porte des stries reproduites par le dessinateur avec un certain écartement.

437. — Cylichna Saint-Hilairei, (Lea) (non *Volvaria galba*, Conr,). Après avoir longtemps hésité, je me suis décidé à séparer deux formes distinctes parmi les nombreuses *Cylichna* qu'on trouve à Claiborne ; dans ces conditions, j'ai été induit à conserver et à appliquer à chacune de ces formes les noms de Lea et de Conrad, que tous les paléontologistes, Conrad lui même, considéraient comme absolument synonymes ; en effet, par un étrange hasard, la figure de Lea s'adapte parfaitement à l' une des deux formes, et celle de Conrad convient mieux à l' autre qu'au type principal. Cette distinction tranche la question de priorité, qui d'ailleurs n'ait pas été douteuse en faveur de Conrad. Cela posé voici les caractères qui permettent de distinguer *C. Sainthilairei* : c'est une coquille à peu près cylindrique, assez trapue, mesurant 15 mill. de longueur sur 6 mill. de diamètre, largement tronquée et perforée à son sommet, ornée du côté antérieur de stries spirales qui ne tardent pas à s'effacer. Dans le quatrième volume de mon Catalogue de l'Eocène des environs de Paris (p. 316, j'ai comparé à cette espèce *C. Bruguieri*, qui est une espèce caractéristique de notre bassin, répandue aux trois niveaux de l'Eocène, et j'avais remarqué entre elles une telle similitude que j'en aurais même proposé la réunion, si je n' avais été arrêté par la difficulté de savoir à quel nom donner la priorité.

Aujourd'hui, après une nouvelle comparaison, portant sur un beaucoup plus grand nombre d'individus, mon opinion s'est modifiée : il y a deux différences capitales et constantes entre l'espèce américaine et celle de Deshayes, cette dernière est toujours plus étroite parce que son diamètre ne dépasse pas le tiers de sa longueur, et en outre elle a l'ouverture disposée tout à fait autrement du côté antérieur, avec un pli moins saillant, un renversement moindre au dessus de la fente ombilicale ; je ne parle pas des stries, parce qu'il y a des individus de *C. Sainthilairei* qui en possédent aussi du côté du sommet, et même Lea les a indiquées sur sa figure, cela dépend du degré de fraicheur de la surface. Elle me parait ressembler davantage à *C. uniplicata*, Dixon ; malheureusement je ne connais cette espèce que par la figure, de sorte que je ne puis décider s'il y a réellement lieu de considérer l'espèce anglaise comme synonyme.

438. — **Cylichna galba**, (Conrad). Après ce que je viens de dire de *C. Sainthilairei*, il me reste à indiquer les caractères différentiels auxquels je crois reconnaitre celle ci : d' abord sa forme, qui est moins cylindrique, mais plus étroite et plus ovale vers le contour inférieur ; en outre son sommet moins largement tronqué, quoique moins étroitement perforé cependant que celui de *C. cylindroides*, du bassin de Paris ; ces différences ne tiennent pas à l'âge de la coquille, car elles subsistent dans des individus de même taille, aussi je ne crois pas que *C. galba*, soit la forme jeune de l'autre espèce ; enfin le pli columellaire est un peu plus oblique, placé un peu plus haut et l'ouverture est, par suite moins élargie et plus ovale du côté antérieur.

439. — **Cylichna acrotoma**, *nov. sp.* Pl. I, fig. 40 et pl. II, fig. I.

Testa cylindrica, postice ovato-angustata, apice truncato, plano, occluso ac imperforato ; ultimo anfractu totam testam æquante, inferne carinato, laevigato ; striis nonnullis antice parum perspicuis ; apertura angusta, ad basim parum elata, ultra apicem paululum producta ; columella incrassata, obtusi intorta.

Coquille à peu près cylindrique, ovalement rétricie du côté postérieur, tronquée à son sommet qui forme une surface presque plane, imperforée et fermée au centre par la callosité du labre, ornée de stries rayonnantes et curvilignes d' accroissement. Dernier tour égal à la longueur totale, entièrement lisse, sauf en avant où s'enroulent quelques stries spirales, très serrées, à peine visibles ; ouverture très étroite, élargie du côté antérieur, prolongée en arrière un peu au delà du sommet ; bord columellaire épais et calleux, recouvrant presque entièrement la fente ombilicale, portant un pli tordu large et très obtus.

Dim. : Longœur. 7 mill., diamètre. 3 mill.

Cette espèce se distingue par la disposition tout à fait particulière de sa surface apicale, et, comme elle n'est pas rare à Claiborne, je me demande comment il se fait que tous les auteurs l'aient confondue avec les précédentes, sans même la figurer à titre de variété. Elle se rapproche de *C. goniophora* du bassin de Paris, mais celle ci a le sommet perforé.

Loc. Claiborne (pl. I, fig. 40 et pl. II, fig. I) ma coll.

440. — **Cylichna jaksoncusis**, Meyer. (Contrib. Alab. a. Miss. p. 77, pl II, fig. 25). C'est une coquille qui a beaucoup de ressemblance avec *C. galba*, mais elle est plus ovale, plus conique, très finement striée sur toute sa surface ; les stries s'espacent davantage et sont plus profondément gravées du côté antérieur ; le sommet est étroitement perforé, et la fente ombilicale n'est pas recouverte par le bord columellaire, qui est étroit et finement tordu par un pli très oblique. Comme l'indique M. Meyer, la longueur égale deux fois et demie la longueur, l' individu de Jackson qu'il m'a envoyé, a 5 mill. de longueur.

441. — **Atys oviformis**, (Meyer) (Contrib. Alab. a. Miss. p. 77, pl. II, fig. 32). L'auteur m'a envoyé deux individus de cette espèce de Jackson ; elle appartient bien au même groupe que les espèces parisiennes classées par moi dans le genre *Atys*, à cause de la troncature antérieure de leur columelle, au point où aboutit la torsion du pli ; j'ai constaté depuis qu'il y avait lieu de les placer dans le sous-genre *Roxania*, Leach. la surface est ornée de fines stries spirales assez serrées ; le sommet est étroitement perforé et la fente ombilicale bien visible, de sorte qu' il est probable que c'est cette coquille qu'on aura confondue avec *A. biumbilicata*, Desh. ; toutefois, comme M. Meyer ne mentionne pas cette synonyme dans sa diagnose, il n'y a pas lieu de substituer à la dénomination *oviformis* le nom *Aldrichi*, Langdon qui a été simplement proposé pour corriger un double emploi, sans aucune description ni aucune figure.

442. — **Ringicula biplicata**, (Lea). Espèce très rare, dont je n'ai trouvé que 5 échantillons dans 150^k de sable de Claiborne. M. de Gregorio y a distingué plusieurs formes, dont les différences me paraissent surtout dues au développement de certains caractères qui varient avec l'âge de la coquille ; je ne crois donc pas que ce soient des variétés, et par conséquent il vaut mieux ne pas leur attribuer un nom, Le bord columellaire porte deux plis minces et saillants, plus un renflement dentiforme sur la callosité pariétale ; le labre est finement denticulé et subéchancré ; entre le sillon sutoral et les stries qui ornent la partie antérieure de chaque tour, il y a un espace lisse assez large. Ces caractères la distinguent des toutes nos espèces de l'Eocène parisien.

PTÉROPODES

443. — **Styliola simplex**, Meyer (Contrib. Alab. a. Miss. p. 78, pl. II, fig. 10). Je ne crois pas que cette espèce existe à Claiborne ; les quelques exemplaires que je possède viennent de l'Eocène de Jackson et m'ont été envoyés par l'auteur ; ils portent a la pointe un petit renflement qui n'est pas indiqué sur la figure de Meyer, mais qui est cependant moins visible que le fer de flèche qui termine l'espèce oligocène de Vicksburg, *S. hastata*, Meyer.

444. — **Styliola corpulenta**, Meyer. L'auteur m'en a envoyé deux individus provenant de l'Eocène de Jackson ; malheureusement la pointe manque : ils sont bien plus évasés en avant que le *S. simplex*.

445. — **Bovicornu socaoense**, Meyer. Autant que je puis en juger par la figure, cette singulière coquille est une *Styliola hastata* un peu tordue en spirale au sommet ; c'est à cause de cette différence que M. Meyer a créé le genre *Bovicornu* (Contrib. Alab. a. Miss. p. 79, pl. III, fig. 12). Le type vient de l'Eocène de Red Bluff.

CÈPHALOPODES

446. — **Belosepia ungula**, Gabb. Pl. II, fig. 8-10.

Cette espèce n'ayant jamais été figurée, ni même décrite avec détails, je profite pour la publier de ce que j'en ai recueilli un excellent individu dans les sables de Claiborne.

C'est une coquille de moyenne taille, à rostre court et pointu, élargi à la base, à profil ventral curviligne, tandis que le contour dorsal est rectiligne et perpendiculaire ; apophyse dorsale peu saillante, comprimée latéralement et fortement cariée ; lame ventrale très aplatie, faiblement rayonnée, à peine dentelée au contour ; cavité assez profonde.

Dim. : Hauteur, 12 mill., longueur transversale, 13 mill.

Il y a beaucoup d'affinité entre cette espèce et *B. brevispina*, Sow., du bassin anglo-parisien. Cependant la coquille américaine s'en distingue par plusieurs caractères importants : d'abord la forme du rostre, qui n'est pas aussi gonflé latéralement, et dont le profil vu de face est plus régulièrement triangulaire ; l'apophyse forme avec lui un angle de 90°, tandis qu'il est incliné sur elle dans *B. brevispina* ; enfin la lame ventrale est plus aplatie, moins fortement sillonnée, dans l'espèce de Gabb.

Loc. Claiborne, unique (pl. II, fig. 8-10) ma coll.

447. — **Nautilus alabamiensis**, Morton. Je n'ai jamais trouvé le moindre fragment de *Nautilus* dans le sable de Claiborne ; je ne puis donc affirmer que les moules rapportés par M. de Gregorio à *Aturia ziczac* soient ceux que Morton a voulu désigner comme *Nautilus*; les figures reproduites dans l'ouvrage de M. de Gregorio ne permettent pas de trancher cette question qui est encore incertaine pour moi, de sorte qu'il vaut mieux conserver provisoirement le nom de Morton, quoiqu'il soit postérieur de 22 années à celui de Sowerby.

LÉGENDE DE LA PLANCHE I.

LÉGENDE DE LA PLANCHE II.

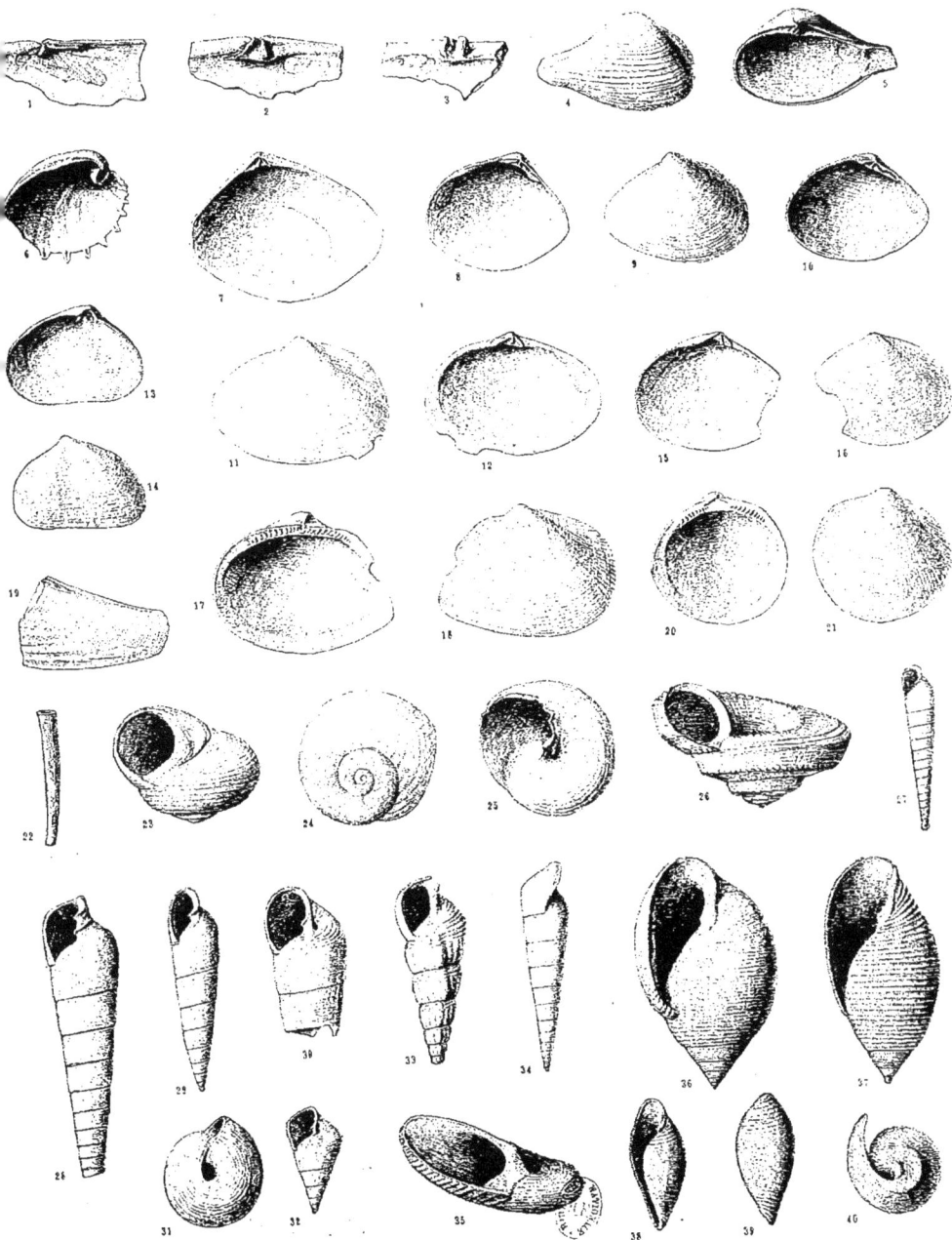

LÉGENDE DE LA PLANCHE I.

LÉGENDE DE LA PLANCHE II.

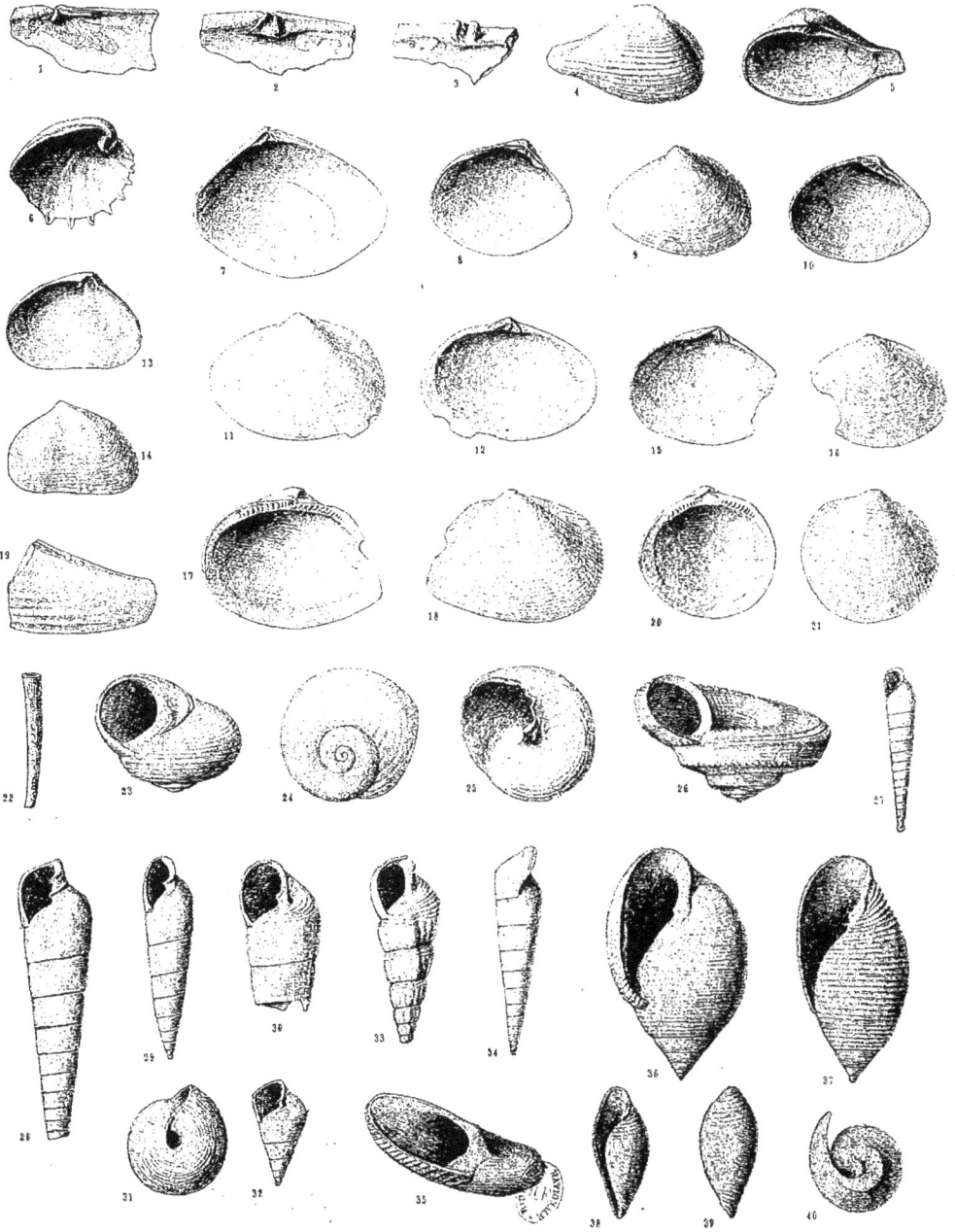

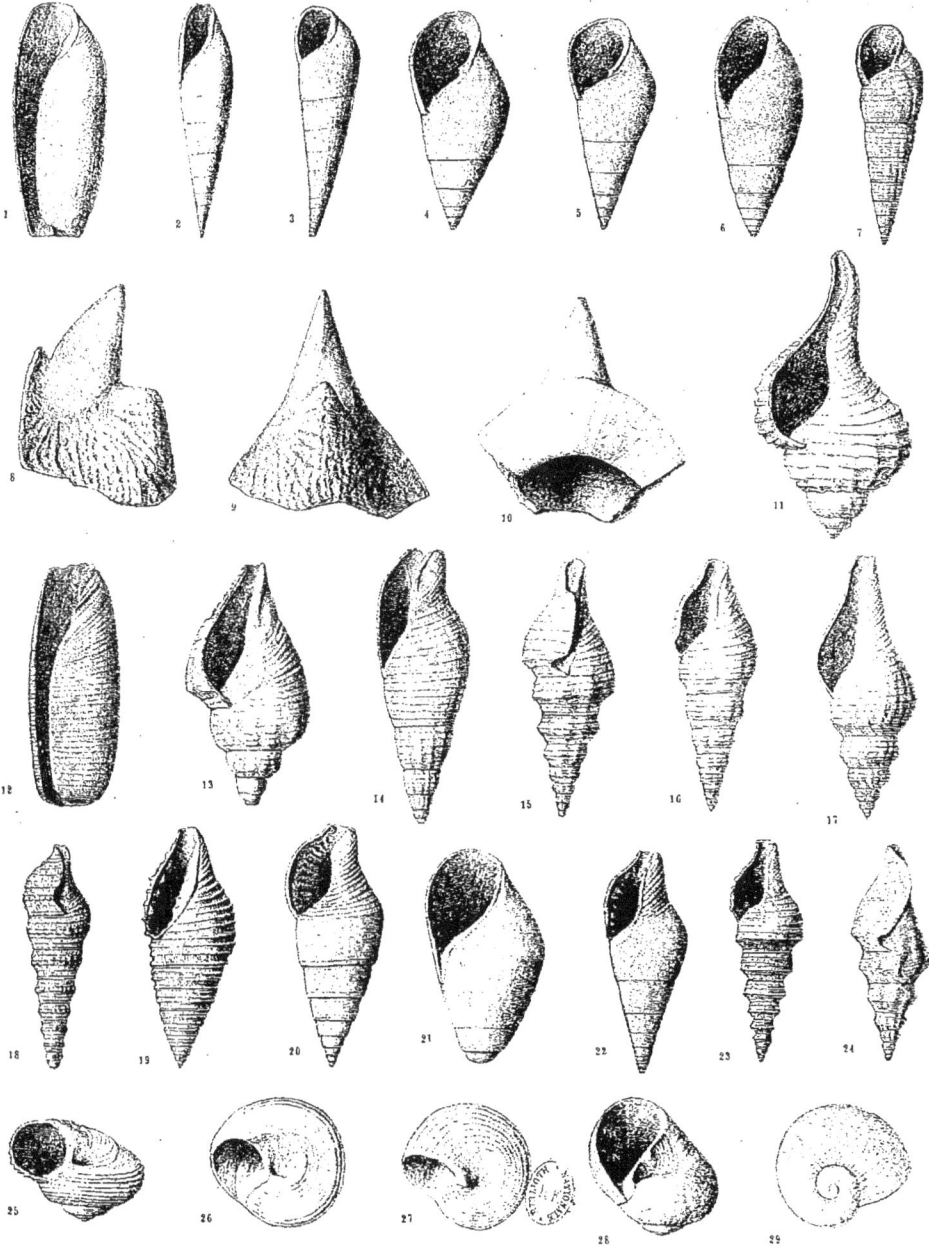

Les Annales de Géologie et de Paléontologie paraissent par livraisons à intervalles pendant l'année. Le prix de chaque livraison dépend du nombre des planches.

Pour les souscripteurs il est de 3 fr. à planche, c'est à dire qu' une livraison, qui aura 2 pl., coûtera 6 fr., si elle aura 3 pl. coûtera 9 fr et ainsi de suite. —Si la livraison ne contiendra aucune planche, son prix sera de 1 fr. chaque 8 pages.

Pour les non souscripteurs le prix de chaque livraison est de 4 fr. à 6 fr. à planche, selon l'importance de la livraison. Si la livraison ne contiendra aucune planche, son prix sera de 2 fr. chaque 8 pages.

Une fois par an sera publié un bulletin où seront annoncés tous les ouvrages envoyés au directeur (à Palerme, Rue Molo) et il sera délivré gratis aux donateurs.

Les planches seront exécutées toujours avec grand soin et tirées sur de très-beau papier in 4.º—S'il y en aura in folio (c'est à dire doubles) le prix sera proportionnément doublé.

Depuis le 1ᵉʳ Janvier 1886 jusqu' au mois d'Août 1893 12 livraisons ont été publiées :

1. Monographie des fossiles du sous-horizon ghelpin De Greg., avec 5 pl.
   Prix : 15 fr. pour les abonnés, 20 fr. pour le public.

2. Monographie des fossiles du sous-horizon grappin De Greg., avec 6 pl.
   Prix : 18 fr. pour les abonnés, 25 fr. pour le public.

3. Nouveaux fossiles des «Stramberg Schichten » de Roveré di Velo, avec 1 pl. in folio
   Prix : 6 fr. pour les abonnés, 10 fr. pour le public.

4. Essai paléontologique à propos de certai fossiles de la contrée Casale-Ciciù, avec 1 pl.
   Prix : 2 fr. pour les abonnés, 5 fr. pour le public.

5. Monographie des fossiles de S. Vigilio du sous-horizon grappin De Greg., avec 14 pl.
   Prix : 42 fr. pour les abonnés, 60 fr. pour le public.

6. Iconografia Conchiologia Mediterranea gen. Scalaria, avec 1 pl.
   Prix : 3 fr. pour les abonnés 5 fr. pour le public.

7. Monographie de la Faune éocénique de l'Alabama.—1.ʳᵉ Partie.—Pag. 1-156, pl. 1-17.
   Prix : 51 fr. pour les abonnés. 68 fr. pour le public.

8. Idem 2.ᵐᵉ Partie. — Pag. 157-316, pl. 18-46.
   Prix : 87 fr. pour les abonnés, 116 r. pour le public.

9. Iconografia Conchiologia Mediterranea gen. Fissurella, Emarginula, Rimula avec 3 pl.
   Prix : 9 fr. pour les abonnés, 12 fr. pour le public.

10. Description de certains fossiles extramarins du Vicentin avec 2 pl.
    Prix : 6 fr. pour les abonnés. 8 fr. pour le public.

11. Iconografia Conch. Medit. viv. e terziare, Muricidae 1ʳᵉ Partie, Tritoninae 1ʳᵉ Partie, avec 5 pl.
    Prix : 15 fr. pour les abonnés, 20 fr. pour le public.

12. Notes complémentaires, sur la Fauna éocénique de l'Alabama avec 2 pl.
    Prix : 6 pour les abonnés, 8 fr. pour le public.

www.ingramcontent.com/pod-product-compliance
Lightning Source LLC
Chambersburg PA
CBHW050528210326
41520CB00012B/2483